本業メルカリ

しーな・著

社

はぁ…
給料が少なくて
毎日カツカツ
時間に追われて
気持ちに余裕が
ない
転職したくても
特別なスキルが
何もない
免許
資格

シンプルに今よりもっとお金が欲しい
自由に自分のために時間を使いたい
大切な家族ともっと一緒に過ごしたい
自分の好きなことでお金を稼ぎたい！
一人で気軽に仕事がしたい
場所に縛られずにもっと自由に

もう我慢ばっかりしたくない
一歩踏み出したい
挑戦!
でも何をやればいいのかわからない
あー!どうすればいいんだー!
ズーン
ズッ
そんなあなたにメルカリです!
誰ですかあなたは?!

僕はこの本の著者のしーなと申します！
どどん
しーな
2016年からメルカリでモノを売ることをやっています
なんだ、メルカリですか…
ズーーン
メルカリで何か売ったってお小遣い稼ぎにしかならないでしょ
人生変わるわけないじゃないですか…
¥500
¥800
¥1,000
僕はもっと稼ぎたいんです
なるほど。たしかに、あなたがそう思うのも無理はありません
副業
お小遣い稼ぎ
実際、これまでのメルカリの常識は副業やお小遣い稼ぎ程度のノウハウしかありませんでした

しかし
もうそんな時代じゃありません！
メルカリが「本業」になる時代なのです！
こんなふうに稼いでる人がいます
意外なモノを売ったり…
オートバイ用品
ブランド服
植物
メルカリShopsで実際にお店を開いたり
イラスト
アクセサリー
収入だって
・30万
・50万
・80万
・100万
会社員の平均収入を大きく超える人が実はたくさんいるんです！
本当ですか?!
不安…
でもどうやってやれば？
それはこれから本書の中で順を追って詳しく説明していきますね！
お！――!!

最初は誰でも初心者からのスタートです
学び
たいせつなのは素直に学び、そして実践すること！
どちらが欠けてもうまくいきません
実践
ゼロから稼ぐ力！
メルカリでまずは自分の力で稼ぐことを実践してください
そうすれば、あなたの夢が現実になることの実感が湧いて来るはずです！
さあ、今すぐ次のページを開いて、あなたも飛び込んでください！

はじめに

こんにちは。著者のしーなと申します。僕を知らない人のために、最初に自己紹介をさせてください。

もともと僕は、手取り15万円の給料で働く都内在住の会社員でした。パワハラ・サービス残業・休日出勤が当たり前の古い体質の会社で、毎日仕事に行くのが苦痛で仕方なく、直属の上司との人間関係にも悩まされていました。

そんなある日、上司に別室に呼び出され吐き捨てるようにいわれた、「お前この仕事向いてないよ。自分でもわかってるよな？　明日からもう会社に来なくていいから」という言葉によって心が折れ、衝動的に会社を退職してしまいました。今後どうするのか、あてば何もありません。２０１６年、僕が26歳のころの話です。

そんな先が見えない無職のどん底から一念発起して、メルカリで不用品を売るところからビジネスをスタートしました。現在は４００人以上のメンバーが参加する国内最大規模の物販コミュニティを主宰し、古着の卸会社を立ち上げ、億を超える売上を上げています。

自分でビジネスを始めたことで、得意分野を活かし、やりがいのある好きな仕事をしながら、素晴らしい仲間に囲まれ、愛する家族と共に心穏やかな人生を生きることができるようになりました。自由に時間を使えるようになったことでストレスが激減し、体も健康になりました。

僕は自分自身のこうした経験から、「会社に依存しない独立した強い個人を育てる」をコンセプトに、これまで延べ5000人以上の方々にアドバイスを差し上げてきました。**本書では、ほかでもないあなたの魅力、好きなこと、得意なことをビジネスに落とし込み、「メルカリだけで食べていけるようになる」やり方をお伝えします**。

僕は会社員時代、毎日不安のなかで暮らしていました。会社員として能力がないのは明白で、転職しても状況が好転する見込みは薄い。上司や同僚とうまくコミュニケーションできないことは、ものすごくストレスでした。社会に出てから人生のほとんどを仕事に費やしているのに、その仕事の時間が苦痛でしかない。それまで何も考えず適当に生きてきた僕が、はじめてリアルに「この先どうなるんだろう」「どうすればいいんだろう」と苦悩しました。しょっぱなから暗い話で恐縮ですが、「死んだほうがマシかも」と思い悩んだことも一度や二度ではありません。

そんなときにたまたま出会ったのがモノを売ることでした。おおげさに聞こえるかもしれませんが、僕はそれに命を救われました。メルカリという誰でも利用できるマーケットがあって、そこで何か売れれば収入になる。自分で稼げれば、会いたくない人には会わなくていいし、行きたくない場所には行かなくてもいい。時間に縛られることもない。人に頭を下げないと給料がもらえず路頭に迷うと怯えていた僕には、自分のアイデアでお金を稼げることは世界がひっくり返るほどの大発見だったのです。

もう心を殺して働くことも、楽しくないのに愛想笑いすることも、体を酷使して長時間労働する必要もない。心身がものすごく楽になって、ずいぶん久しぶりに深く呼吸ができた気がしました。

そう思ったんです。**こんな働き方もあるんだ**、と。**これなら僕でもできるかもしれない**、と。

そうして自分が生きやすくなったときに、はじめてまわりを見渡すことができました。ありがたいことに、僕のブログやメルマガに、僕と同じような境遇だったり、同じような苦しみや悩みを抱えている人からたくさんのメッセージをいただきました。

「何で稼げるノウハウを他人に教えるの？」と聞かれることがよくありますが、僕も以前はそう思っていました。「儲かるやり方を人に教えたらライバルが増えて自分が稼げなくなるじゃん」と。しかし大勢の人たちに教える立場になってみると、ライバルが増えて稼げなくなるどころか、「ライバルにならないやり方」や「それまでになかったやり方」によってどんどんノウハウが洗練され、以前よりも稼げるようになっていきました。

僕は僕を救ってくれた物販に恩返しがしたい。それは、僕のこれまでの経験やノウハウを洗いざらい公開して、すべての人に可能性をお見せすることだと思っています。メルカリでモノを売ることが収入の大きな柱になれば、あなたの人生の自由度は格段に広がります。「あれもできない、これもできない」とあきらめなくてもいいことにも気づけるはずです。まず一歩、踏み出してみてください。

本業メルカリ
メルカリで飛躍、食べていく

CONTENTS

STEP 0

基礎知識

第0章

本業メルカリとは？

CONTENTS

STEP 2

土台

第2章 本業メルカリ 成功のためのマインドセット

CONTENTS

STEP 4
販売とお客さま

第4章 本業メルカリのマーケティング戦略

CONTENTS

STEP 6
安定のために

第6章 本業メルカリで長く成功するには

CONTENTS

STEP 0

基礎知識

第0章

本業メルカリとは?

メルカリを極めて収入の大黒柱を建てる

メルカリ一本で食べていけるほど稼ぐ。会社員を辞めて独立してもいいくらいに。「本業メルカリ」では、具体的には**月の利益ベースで30〜100万円を稼ぐことを狙います**。

これまで「メルカリで稼ぐ」ことに対する一般的なイメージが、不用品を売るとか、スキマ時間にパパッとお小遣いを稼ぐとか、本業にプラス5万円の副業収入を得るとか、そんなお手軽なレベルにとどまっていることが僕は不満でした。もちろんかんたんにお小遣いを稼げることもビジネスの第一歩としては悪くないのですが、**メルカリはもっと大きなポテンシャルを秘めている**ことを知ってほしいのです。

僕はメルカリで売ることを人に教えるようになって10年近くになります。僕が運営するコミュニティにはたくさんの人や情報が集まり、売るためのノウハウはアップデートされ、コミュニティメンバーの月収はいまも右肩上がりで上昇を続けています。最初は月20万円の利益を稼げる人が出てきたら、「あの人すごいねー!」と話題になっていたのが、いまでは月100万円の利益を稼ぐ人も現れるようになりました。メルカリでビジネスを始めた経験をもとに、実店舗の経営やほかの分野などのリアルビジネスに進出していった人たちも大勢います。

スマホが僕たちの働き方を一変させた

スマートフォンなしでは、「ご飯を食べていけるほどメルカリで稼ぐ」はありえないことでした。スマホの登場は、僕たちの働き方をガラッと変えるインパクトがありました。スマホが普及する前は、たとえば子育てをしている女性が働く手段はパートや内職など限られていましたし、会社員であれば本業のほかに仕事を持つことは体力的にも時間的にもなかなか難しかったでしょう。僕自身、スマホなしにはいまの自由な生き方は実現不可能です。

このスマホという便利な道具は、誰でもかんたんに手に入れて使える反面、**その「使い方の違い」で大きく差がついている**のが現状です。スマホでゲームをしたりマンガを読んだりSNSに投稿したり、娯楽として楽しむだけの消費者でいることもできますが、**アイデア次第では消費者ではなくビジネスを仕掛ける側になってお金を稼ぐことができます**。

2018年に厚生労働省が副業解禁のガイドラインを作成したこともあり、副業することがじわじわ浸透してきていることを感じますが、まだスマホ1台で稼げるということの事実の本当の価値に気づいている人は多くありません。

会社を辞めて何のあてもない無職だった2016年の僕は、1人で住むところも借りられないくらい金銭的にギリギリの生活でしたが、それでも安いスマホは持っていました。そのスマホを使って、部屋にあったテレビやゲームやCDをネットオークションで売っていたときに、「これは本気で取り組めば仕事になるかもしれない」とピンときたのです。それがいまにつながっています。

メルカリに出品するだけで誰でも始められる

2023年7月に10周年を迎えたフリマアプリのメルカリは、いまでは月間のアクティブユーザー数が2200万以上で、1秒間に7・9個ものモノが取引されています。この数字はほかのフリマアプリを圧倒するものです（https://about.mercari.com/press/news/articles/20230630_infographics/）。

メルカリが登場する以前のインターネットには、個人が取引する場としてネットオークションがありましたが、メルカリほど一般ユーザーが手軽に利用するものではありませんでした。新しいテクノロジーに強い10代や20代の若者だけでなく、ユーザーの4人に1人は50代というデータが示すとおり**全世代が広く使っているのがメルカリ**です。僕がスマホを使ってビジネスができるようになったのは、この10年でメルカリが一般に普及し、ネットショッピングをすることが誰にとっても身近で当たり前になったからです。

また、メルカリもスマホもなかった時代は、そもそもビジネスを始めること自体に大きなハードルがありました。何かのお店を開きたいなとあなたが考えたとして、それを実現するためにはお店の場所を借りることが不可欠で、人件費や集客のための広告費をかけたりすると、少なく見積もっても数百万円単位の初期投資が必要でした。成功するかどうかまるでわからないのに、最初から多額の資金をつぎ込むことはリスクでしかありません。

僕も会社員を辞めてこれからどうしようか模索していたところ、古着屋の実店舗の開業を考え少し調べてみたことがありますが、敷金礼金、運転資金や人件費を考えると最低300万円、本気でやるなら500万円は必要とわかりあきらめました。当時の僕は貯金もなく、ビジネスについて何の実績も経験もないただの無職だったので融資を受けたくてもお金を貸してくれるようなところはありませんでしたから。

メルカリなら、そんなないないづくしの僕でも始められました。なんせメルカリなら初期費用はゼロ円です。**たとえうまくいかなくてもどうってことはありません**。チャンスは万人に開かれていて、あとは本気で取り組むかどうかだけです。

初心者がもっとも始めやすいのはモノを売ること

メルカリで売るのはモノです。なぜ僕が物販をおすすめしているのかというと、それは**メルカリのおかげでスマホがあればいますぐに始められて、特別なセンスや才能も大金も不要だから**です。そして、このあとの章で紹介する人たちを見てもらうとわかるように、モノを売る経験を積むことで自然と自分の隠された才能が見つかっていくからです。

たとえば、投資を始めるには原資となるお金が必要です。お金がないとそもそもスタート地点にすら立てません。失敗すると多額の損失を出すこともあります。Webライターや動画クリエイターになるには文章力や営業力、動画編集のスキルなどが必要です。これらのスキルを勉強するには時間がかかりますし、今日からやってみようと思い立ってもライバルとなる先駆者がすでに大勢います。文章や編集はもともとのセンスによるところも多くあります。YouTuberも、ご存じのように多くのプロがしのぎを削っているレッドオーシャンです。

いま挙げたほかのビジネスに比べると圧倒的に始めやすいのが「メルカリでモノを売る」

ことなのです。

メルカリでモノを売ることがビジネスとして成り立つか?

「メルカリでモノを売ることに全力で取り組めば食べていけるのでは? 会社で働くよりも稼いでいけるんじゃないか?」というのが会社を辞めて無職だった僕がはじめに直感したことです。しかしそれはただの素人の勘に過ぎず、そのころはまだメルカリで稼いでいる先人もネット上には皆無でした。

そもそも、いまのようにメルカリのノウハウをYouTubeやSNSで発信している人もいませんでしたし、メルカリを開いてみてもきれいに写真を撮っている人すらおらず、雑然とした商品ばかりがタイムラインに並んでいるカオスでした。不用品が売れればラッキーという出品者ばかりで、いまよりライバルがめちゃめちゃ弱かった時代です。そんなまだ伸びしろだらけの未成熟なメルカリの様子を見た僕は、小売店で働いた経験もなく客商売とも無縁でしたが、**モノの売り方さえわかっていればこんな僕でも通用するのではないか**と思ったのです。

僕は学生時代から古着が好きで多少の知識があるという理由だけでメルカリで古着を販売し始めました。最初は自分が持っていた服を売ってみて思いのほかすぐに売れていったのでリサイクルショップで仕入れを始めました。といっても仕入れに使えるお金はほとんどありません。1000円以下で買えるような安いアイテムを自分のセンスに任せてノリで仕入れてみたらまったく売れずにヘコまされたこともありました。メルカリでご飯を食べようとしているのに、ノリだけでやっていたので当然といえば当然です。

そこであらためて、ちゃんと売り方を勉強したほうがいいことに気づき、当時Twitterに1人だけいた古着バイヤーにコンタクトをとり、「どうやったらメルカリで古着が売れるのか」を教わった結果、だんだんコツがつかめて月に5万円から20万円ほど稼げるようになっていきました。

そんな売れたり売れなかったり一喜一憂していた僕の日々の様子を、そのまま正直にブログに書いていると、「お金を払うので、しーなさんのやり方を教えてください」という依頼者がちらほらと現れるようになり、びっくりすると同時に悩みました。そのころはブログのアクセスも月に100人とかそこらでしたし、何より自分は古着バイヤーとして駆け出しで修行中の身です。

「とりあえず死なない程度に稼げるようにはなってきたけど、ほかの人も再現できるものなんだろうか?」「地方にいても仕入れができるのかな?」「もし教えてその人が稼げなかったら、どうやって責任とればいいんだ?」などと、自分のスキルを人に教えることがはじめてだったので不安と葛藤だらけでしたが、もし満足してもらえなかったら潔く謝ってお金を返そうと覚悟を決めて、おそるおそる最初の依頼者に僕のやり方を教えてみました。結果として僕があれこれ考えていたことは杞憂に終わりました。教えたノウハウできちんと古着が売れていき、その依頼者にもとても喜んでもらえたのです。その後、ブログを見た人からの依頼は途絶えることなく入り、1年もたつころには僕の古着の売上を超える人も現れるようになりました。**メルカリでモノを売ることは最初に直感したとおり、誰でもできる再現性があり立派にビジネスとして成り立つもの**だと僕の確信は深まりました。

誰でも家に53万円の軍資金が眠っている

メルカリがニッセイ基礎研究所生活研究部監修のもと実施した、「2023年版　日本の家庭に眠る〝かくれ資産〟」という調査があります。かくれ資産の定義は、「1年以上使用しておらず、理由なく家庭内に保管しているモノを不要品とし、不要品保管数量調査および メルカリの平均取引価格により不要品を金額換算した数値」です。

つまり、使われないまま家に眠っている洋服や本や家電などの価値を、メルカリで実際に売れている価格と照らし合わせて計算した金額のことです。この調査によると日本全体ではなんと推計約66兆6772億円あり、国民1人あたりの平均は53・2万円にもなるとのこと。**53万円ですよ**。かなりインパクトがある金額ですよね。

僕も部屋を見渡してみると、読みもしないまま本棚の肥やしになっている本、マンガ、サブスクを利用するようになってご無沙汰になったCDやレコード、ブルーレイなどの各種メディア、クローゼットの片隅に眠りっぱなしの洋服や季節家電など大量にかくれ資産が……。これらすべてをメルカリで売ると50万円以上になるというのは、リアリティのある数字です。

つまりは、**ビジネスをスタートするのに最初から誰でも軍資金が50万円くらいある**、ということです。それだけあれば、メルカリで売るモノの仕入れ資金としては十分すぎるほどです。

もっというと**不用品を売ることで手に入るのはお金ばかりではありません**。買う側ではなく売る側の立場に立つ経験ができることが本当に大きいです。そこでメルカリの出品操作や写真撮影、発送、お客さまとのコミュニケーションなどを学び、慣れることができます。お金を稼げて家もスッキリ片付き、メルカリの使い方も理解できる。これはやらない手はないでしょう。

いままでメルカリで売ることに二の足を踏んでいた人にとっては絶好のチャンスです。「こんなモノも売れるの?」という嬉しい驚きや発見もあると思います。売る側の目線で家のなかを見渡してみてください。

メルカリから広がるさまざまな可能性

どんな人でも始めやすいことからメルカリでモノを売ることを教えてきた僕ですが、10年近く携わっていると、始めたころの想像を大きく超えていろいろな方向にビジネスが発展していくようになりました。当初は「物販っていったって、ただの転売だろう?」とバカにする風潮もありましたが、僕が専門にしている古着は、環境にやさしいサステナブルビジネスとして見直され、ここ5年くらいでファッションに興味がなかった人たちにも広がりを見せるようになっています。

ファッション産業はその製造過程でたくさんの水を使うこと、新品の服のおよそ半分が廃棄されていること、化学繊維の洗濯による海洋汚染など、近年、地球環境への影響が問題視されています。もっともっと古着がポピュラーになることで地球への貢献になるのです。それは古着だけでなく、どんなジャンルの物販にも当てはまります。モノを大切にし、使わなくなったらすぐに捨てるのではなく必要な誰かにつなげることが常識になれば環境へのダメージを減らすことができます。

メルカリを発射台にさらに飛躍することも

僕が運営するコミュニティのメンバーたちのビジネスも進化しています。僕は古着に特化したコミュニティを立ち上げ、古着をどう売っていくかということを教えてきたのですが、そのメンバーのなかから古着だけではなく、自分の趣味や好きなことを活かして応用し、さらに売上を大きくする人たちが現れたのです。これは僕も予想していないことでした。

それはたとえば飲食店の開業だったり、古着屋の実店舗の開業だったり、プログラマーとして働いていた人がメルカリの作業を効率化するツールを開発して売り出すことだったり多岐にわたっています。もともとの自分のスキルと、メルカリでモノを売る経験で得たスキルが掛け合わさった結果、相乗効果で新しいビジネスが生まれているのです。

これは何かとてもすごいことが起きている……。興奮しました。売る商材として古着はとても優秀なので僕は古着だけに特化してきましたが、古着に限定せず、人それぞれ好きなもの、得意なスキルを活かしたサービスを独自につくって売れるようになったらまさに理想的です。

人は人生で長い時間を働くことに充てるわけですが、その働く時間が楽しくなれば人生バラ色ですよね。これこそまさに僕がめざしたい世界です。

この本のタイトルは**「本業メルカリ」**。お小遣い稼ぎではない、ビジネスツールとしてメルカリを利用することからこういうふうに名付けました。収入の柱が多ければ多いほど生活は安定しますし、その結果として心穏やかに日々を過ごせるようになります。あなたが「メルカリが本業です」といえるほど稼げるようになったら。いろいろな理由であきらめていた夢が、メルカリでモノを売ることでかなえることができたら。本書がそのきっかけになったら嬉しいです。

お小遣い稼ぎレベルから本業レベルへ

従来のメルカリ

- 月収数万円のお小遣い稼ぎレベル
- 右から左に転売するだけのビジネスモデル
- どれだけやってもスキルが身につかない
- ライバル多数のレッドオーシャン
- 世のなかに価値を提供していない

本業メルカリ

- それだけで独立できるくらいの売上
- 自分の得意なことや持っているスキルが役に立つ
- 好きなことを仕事にできるので楽しい
- ライバルがいない場所を見つけて売る

仕事は自分次第で楽しいものにできる

仕事が楽しくないと悩んでいる人はとても多いと思います。僕自身、会社員をしていたころは本当に働いている時間が苦痛で、これが死ぬまで続くのか……と何度も絶望的になる瞬間がありました。**いま僕は仕事が好きになりましたし、働くことがとても楽しい**です。なぜかというと、**「すべて自分の思いどおりにできる」ように環境を整えたから**です。

組織の力学のなかで働く限り自分の好きなように発言したり自由に振る舞うことは許されませんし、やりたいプロジェクトをやりたいと思ったタイミングですぐに動かすことも難しいのが現実です。社内の人間関係を考えたり、根回しをしたり、自分の立場をわきまえたり。悶々とそんなことを考えていると、何かを始める気持ちにすらならないのが普通だと思います。

そんな、かつての僕のように仕事が楽しくない、将来の希望もやりがいもない……と悩んでいる人にこそ、**自分で小さくビジネスを始めてほしい**のです。いまの仕事を辞める必要はありません。1人で始められます。片手間でとりあえず何となくで始めてみて、軌道に乗ったらラッキーですし、失敗しても小さなビジネスならたいして痛くもありません。失敗したことがきっかけで新しい夢が見つかるかもしれません。もしかしたら、これまでの仕事観や人生観がガラッと変わる出来事だってあるかもしれません。

「わかったつもり」の自分を掘り下げてみた

僕はこれまでに5000人以上の方々と直接お話をしたりZoomやLINEのやりとりで、起業や独立を含めたビジネス全般に関するアドバイスを差し上げてきました。1人ひとりの方にさまざまな背景やドラマがあり、悩みや葛藤や夢があり、置かれている状況や環境も人それぞれです。

僕がそんな方々から話を聞くときに意識していたのは、その人の「趣味」や「仕事」や「好きで続けていること」でした。いまの仕事をなぜ選んだのか。やろうと努力しなくてもずっと続けていることは何か。生活の一部になっていること。日々の楽しみ。そんなパーソナルなことを聞いて掘り下げていくと、本人が気づいていなかったことを発見したり、不意に思い出す出来事があったりして、それがビジネスのヒントになったりするのです。話しているうちに涙ぐむ人もいます。このやりたいことを見つける瞬間が、僕にとっても相手方にとっても一番ワクワクする時間です。

僕も、経営なんか右も左もわからないド素人からのスタートでした。「ネット　稼ぐ　個人」といったようなキーワードで検索するところから始め、アフィリエイトと物販が取り組みやすいことをはじめて知りました。最初は疑いながら両方のビジネスに挑戦して失敗して、それなりに追い込まれたりもしました。そして、その過程で自分の好きなこと、やりたくないことを見つけていきました。

「俺は興味がないことはとことんやりたくないんだなあ。顔も知らない人に商品を紹介するアフィリエイトには興味持てないからどうしても続けられないなあ」

「でもアフィリエイトをやってみて文章を書くのは好きだって気づいたから、ブログとか情報発信は俺にも合ってるかもなあ」

「マイペースすぎるから最初から人とやっていくのは嫌だなあ」

「物販はコツコツ作業が必要だから最初は頑張ってもいいけどずっとはやりたくないなあ」

「昔から推しバンドを友だちに布教するのが好きだったことを思い出したぞ。人が知らないことを教える仕事はどうだろう。そんなのあるのかな」

このように不完全ながらとりあえず行動を始めて、そのあとにじっくりと自分自身を見つめ直す機会をつくったことで、本当に自分の好きなこと、嫌いなことがわかり、ストレスなく楽しくできる仕事を見つけることができました。それまでは、自分のことはもちろん全部わかっていると思い込んでいましたが、いままでやったことのない行動をとって自分の気持ちを振り返ることで自分についての新しい発見がたくさんあり驚きました。**とくに「やりたくないこと、嫌いなこと、苦手なこと」が明確になったのはその後の役に立ちました**。「わかっている」という決めつけを排除し、すべての前提を疑うことで前に進めるようになったのです。

それまでの僕は、仕事イコール苦痛なこと、苦しい時間を耐え忍ぶ対価で給料がもらえる、人に雇ってもらわなければならない——そのような強い思い込みがあったので、「楽しい仕事もあるし、やりがいを持って働くこともできる」というのはまさに革命的な発見でした。一気に目の前が開けて、肩の荷が下りて体が楽になったことをいまでもよく覚えています。

メルカリで小さな失敗体験を積み重ねる

ビジネスでは失敗せずに成功することはありえません。失敗は必ず起こることで、失敗しても再起不能の事態にならなければＯＫです。その点ネットを使ったビジネスが素晴らしいのは、いくら失敗しても金銭的なダメージが少ないため、自分が納得いくまで試行錯誤することができ、失敗体験を積み重ねられることにあります。失敗から得られることはたくさんあります。

たとえば僕の場合、ブログアフィリエイト、eBay輸出入、Amazon転売、無在庫転売などなど、いろんなビジネスに挑戦し、すべて期待したほどの成果が出ませんでした。つまり、**全部失敗しました**。アフィリエイトは1円も儲からず、転売では売っても仕入れ値とトントンで利益ゼロや少しマイナスになってしまう。でも、最初から大きくお金を突っ込んでいないので最小限のダメージで済んでいます。その結果、**失敗するたびに自分がやりたいビジネスが明確になっていきました**。

僕は現在、メルカリで売ることを教えるコミュニティのほかに古着の卸倉庫の実店舗も経営しています。この事業は金融機関から800万円の融資を受けて始めました。卸の顧客をコミュニティのメンバーに限定し、メンバーのほしがる古着だけを仕入れることができるため顧客満足度が高く、さらにクオリティの高い古着を豊富に仕入れ、安く卸すことができる、というのがほかの卸業者と差別化した強みです。その強みによってうまくいくだろうという自信があったので融資を受けることに不安はありませんでした。しかしこれが僕にとっての一発目のビジネスで、何の実績も経験もない状態だったとすると、とんでもなく怖かったと思います。

もちろん何の実績もない状態では1000万円近い金額なんて融資してくれない可能性が高いですが、もし融資額がそれほど大きくない金額だとしても失敗すると借金まみれになってしまう事実には変わりありません。その一方で、失敗して借金を抱えるリスクを恐れて融資を受けず、コツコツ何年もかけて貯めたお金で始めるとしたら数年単位の時間が必要になってきます（僕の場合は会社員時代の手取りが15万円でしたし、さらに大学時代の奨学金を毎月返済していましたから、何百万円も貯金していくのは数年単位でも無理だったかもしれません……）。

繰り返しますが、**失敗は必ず起こることで、肝心なのは失敗しても再起不能の事態にならないこと**。一発目のビジネスから再起不能になりかねない失敗を避けられるのは幸運です。メルカリで小さな失敗を積み重ね、ご自身のビジネスの方向性を見定めてください。

それではこれから、メルカリを使ってビジネスをしている人たちの実績を公開します。メルカリやネットだけで会社員以上の収入を得ている人もいれば、実店舗の経営というリアルのビジネスで拡大している人もいます。彼らの声に耳を傾けてみてください。そして、「もし自分だったらメルカリを使ってどんなビジネスを始めようか？」と、自分ごととして読んでみてください。

STEP 1

先駆者たち

第1章

メルカリでどうやって食べているのか？

メルカリで自分の夢を実現した人たち

これから紹介する人たちは、もともと誰も起業した経験もなければ、マーケティングを勉強したこともありませんでした。僕もそうですが全員が会社に雇われて働いていた人たちです。メルカリでモノを売ったことをきっかけに売るスキルを身につけ、いまはそれぞれが自分のやりたい仕事やライフスタイルを実現しています。

みなさんに共通しているのは、お金もない、ビジネスの経験も知識もない、時間もない、自信もない……というないないづくしの状態です。ではなぜ、そんな人たちがメルカリで食べていけるようになったのでしょうか。次のページから、夢を実現した人たちの生の声をそのままお届けします。読めば本業メルカリに特別な才能もスキルもいらないことがわかってもらえるでしょう。

何よりもはじめの一歩を踏み出すことが大切です。その一歩を踏み出すことで、あなたはいろいろなことに気づき、発見することができます。あれこれ悩む前に、小さなことでいいので行動を起こしていきましょう。

CASE 1

メルカリでマーケティングを学び飲食店と古着屋をオープン

Kさん　31歳　男性　長野県在住
飲食店・古着屋経営

私Kは長野県で、昼間はカフェで夜はバーになる飲食店と古着屋を営んでいます。近所に住むママさんたちが飲食店をママ会に使ってくれたり、古着屋には週末にキッチンカーを呼ぶなどして地域のみんなが集まれるイベントもよくやっています。

私は地元が大好きで、長野県を盛り上げることに楽しさややりがいを感じています。２０２３年には、自分が主催者となって松本市で音楽フェスとマルシェをやることができました。

メルカリをやる前はスーパーマーケットの精肉部門の雇われ店長として働いていました。いつかは卒サラして自分の飲食店を出すことが夢でしたが、経営の経験もなく、借金をして始めても返せるあても自信もなく半ばあきらめていました。精肉部門の店長の仕事は月に２５０時間労働という過労死ラインを超えたもので、ぶっちゃけブラックでした。そのわりに給料が安かったこともあって、転職するか副業するか自分でもやれることを探していたときに、たまたましーなさんのブログを見つけて、古着をメルカリで売ることが気になり思い切って学ぶことにしました。

古着を着たこともなかったし興味もなかったんですが、しーなさんがいうように、マーケティングを学んでメルカリでモノを売ることができるようになれば、その延長線上に自分の夢もあるかもしれないと、そのときぼんやり感じたんです。

メルカリで挑戦を始めて10カ月目の月に売上ベースで200万円、利益ベースでだいたい120万円くらいの数字を出すことができました。憧れていた卒サラができたのは始めてから2年後です。やる前は半信半疑というか、ほぼほぼ疑っていたくらいだったんですが、やるとなったらがむしゃらにやろうと行動しまくったのが振り返ってみるとよかったんだと思います。

最初は興味がなかったのにメルカリで売っているうちにどんどん古着が好きになって、自宅の1階を改造して古着屋を開きました。その1年後には夢だった飲食店を開くことができました。

古着をメルカリで売ることを通じて、基本的な商品リサーチやお客さんの決め方、お店の世界観の演出方法、他店と差別化できるメニューのつくり方など、シンプルだけど本質的な学びをリアルにたくさん経験することができました。そのことが間違いなく、自分のお店を経営することにもつながっています。

ネットとリアルではフィールドが違います。でもネットもリアルもどちらも経験して思うのは、どんな商売でも、すべての根っことなる部分は同じなんだな、ということ。それを実感できたときは目からウロコでした。いまは別の場所を借りて違うコンセプトの古着屋をもう1店舗やってみようか、それとも古着卸の倉庫を近くで開業しようかと思案中です。

メルカリで学んだマーケティングスキルを活かして古着屋と飲食店を経営しているKさん。ブラック会社を卒サラし働き方が180度変わった。

CASE 2

移住先で無人古着ショップのオーナーに

佐伯竜司さん

47歳　男性　山形県在住
無人古着屋オーナー

山形県庄内地方のイオンモール三川店で、無人の古着屋「Ｎｏｓ」のオーナーをしています。いま47歳ですが、この仕事をする前は20年以上、広告代理店の営業の仕事をしていました。なかなかの激務で、定時は9時から18時でも24時まで誰も帰らないような会社で、残業時間は月に１００時間を超えることもありました。

結婚し子どもが生まれたのを機に、妻の故郷である山形県に移住しました。転職の必要に迫られたのですが、近場には工場くらいしか仕事がなく、いったん工場で働いてみたものの自分には合わずすぐに退職しました。今後のことを考えたときに、ずっと会社員として働いてきたけれど、これからの人生は他人の指示を受けず、全部自己責任でやってみたい、自分の可能性を試してみたいという気持ちが強くなったんです。小さい子どもたちに父親の背中を見せたいという思いもありました。

高校時代から古着が好きだったこともありゼロから勉強することを決意しました。

山形県のイオンモール内に最近流行りの無人ショップを出店。リアルとネット両方の強みを活かして自分のペースで働いている。

私がメルカリで古着を販売し始めたそのころは、ちょうど無人の古着屋が全国的に流行り始めていた時期で、まだ山形にはなかったのでイオンモールに店舗を出すことにしました。メルカリで古着を売ってきた経験から、アイテムを魅力的に見せるとお客さまは相場よりも高い金額で買ってくれることがわかっていたので、実店舗の経験がなくても不安は抑えられました。

店舗をやってみると、仕入れたアイテムのなかから高単価で売れそうなものはメルカリ、大量にあって安いものは店舗でと、ネットとリアルの2つのチャネルに振り分けることで在庫がすぐに回転するようになりました。今後は東北を中心に、同じ業種、同じコンセプトでさらに数店舗チェーン展開していきたいと考えています。

CASE 3

趣味のオートバイとペインティングの組み合わせで楽しく働いています

ガッキーさん　55歳　男性　愛知県在住
リユース業社員

私はもともと独立したいとか、月に100万円稼ぎたいとか大それた目標はなく、老後の資金のために自分のペースでゆったり働けたらいいなと思って始めました。数字でいえば本業のほかに月20万円収入があればいいな、と。

しーなさんのもとでメルカリで売ることを学んでいくと、そのノウハウはとくに古着に限定されるものではなく、何にでも応用可能だろうとピンときました。私はオートバイが好きで、扱いやすいヘルメットを自分でエアブラシでペイントしてオリジナルのデザインで売ってみたらどうかと思いついたんです。しーなさんやコミュニティの仲間に相談すると、「それはいい、ぜひやってみろ」との声が挙がり、それに背中を押されてやってみることにしました。

とはいえ半信半疑で、果たして本当に売れるのだろうかと思いつつメルカリに自分がデザインしたヘルメットを出品したところ、想像していたよりも高額で売れていき驚きました。いまはヘルメットだけで月10万円くらいの収入になっています。もちろん収入が増えたことは嬉しいですが、デザインすること自体が私にとってはとても楽しいことですし、それを手にとってくれるお客さまがいてくれることも嬉しいです。

ほかには子どものころから釣りをやっているので、古いルアーやリールなども売っています。買ってくれる人はそれを使って釣りをするわけではなく、どうやら室内装飾にするなどして所有欲を満たしているみたいです。

自分が好きなあれやこれやで楽しく収入を得られています。まさか自分がスマホアプリで稼げるなんて思ってもいませんでした。

思わず二度見してしまうようなオリジナリティあふれるオートバイのヘルメットを売っている。趣味と実益が相乗効果を発揮、マイペースでやれるのがメルカリのいいところ。

CASE 4

メルカリ、絵、モデル……共通するやり方がある

なつみさん　27歳　女性　東京都在住
古着バイヤー・モデル・画家

私は服飾の専門学校を卒業してアパレルのデザイナーをしていました。デザイナーとして経験を積んで、２０２０年に自分のブランドを立ち上げる準備をしていたのですが、コロナ禍によって計画がいったん白紙になってしまったんです。

急にぽっかり時間が空いたので、雲や花をモチーフに趣味で描いていた絵に本格的に取り組むようになりました。描いた絵をInstagramに投稿し、ネットショップで８０００～３００００円で販売すると、半年に1枚、ごくまれに売れるっていう感じでした。もっとアピールするために自分自身を表現しようとモデルの仕事も始め、絵を描きながらその様子をライブ配信するようになりました。その流れで、モデルの仕事に親和性もあるし、もう一度服に関わる仕事がしたいなと思い、古着バイヤーも始めました。

同じような時期に絵とモデルと古着バイヤーの3つの仕事を始めて発見したことは、個人で収入を上げるためにファン化やマーケティングのすべてがこれらの

絵を描くこと、モデル、メルカリ、SNS、リアルのアートイベント。複数のジャンルをつなげて自分ビジネスを拡大中。

仕事に共通しているということです。

たとえば販促では、どの仕事でも「なぜ自分がそうしたか」という意図を明確に表現するようにしました。メルカリならその古着を仕入れた理由、なぜ売っているのか。絵であればその絵を描いた理由を見てくれている人にきちんと伝えることに気を配るようになりました。その結果、より私のことを理解してくれるようになってファン化が進み、メルカリでの古着も絵も以前よりはるかに売れるようになってきました。

今後はライブ配信を見に来てくれているファンも、絵のファンも古着のファンも、みんなが楽しめるようなアトリエをつくって、自分のブランドを築いていくことが目標です。

CASE 5

ネットビジネスの経験を活かしリアルへ 古民家を会員制古着卸の店舗に

しーな　35歳　男性　神奈川県在住

僕しーなは、２０１６年に会社を辞めて起業して以来、コミュニティ運営、マーケティングのコンサルティング、ＳＮＳのプロデュース業など、すべてネットに絞ってビジネスを展開してきました。その理由は、ネットビジネスは金銭的なリスクが小さいことと、レバレッジが効くことによる集客などの効率のよさでした。飲食店のオーナーや商品をつくるメーカーにならないかといったリアルビジネスのお誘いもいくつかあったんですが、扱う商品の単価の安さや事務所の家賃などの経費を考えると未経験の業種で採算がとれるのか？　という疑問が拭えず二の足を踏んでいました。

しかしコロナ禍を経験して、ネットだけに依存していることに漠然とした不安を感じるようになったこと、そして10年近くネットの仕事でキャリアを積んできて新しい発見がなくなってきたことにも危機感を覚えていたので、一緒にやる仲間とのご縁もあって、「古着の卸」という店舗を持つビジネスにチャレンジすることにしました。

10年近いネットビジネスの経験をもとにリアルビジネスに挑戦。開業資金を抑える工夫をこらして会員制古着卸のオーナーに。月次黒字を継続中。

運営するコミュニティには月の売上10～１５０万円ほど稼いでいるアクティブなメンバーが４００人以上いること、そしてそのメンバーを顧客にした卸なら競合も存在せず、メンバーがほしがるアイテムだけを適切にそろえることができるため在庫が滞留することもありません。格安で倉庫にぴったりの古民家を借りることもでき、失敗する確率は相当低いと見込んで始めました。

卸は良質のアイテムを安く仕入れて売ることができたら当然成功するのですが、たとえば一般の方や業者の方すべてに開放してしまうと、僕のような小規模な卸では全員が満足する品ぞろえ、価格設定が難しくなってしまいます。思い切ってターゲットをメンバーだけに絞って勝負したわけですが、フタを開けてみるとメンバーたちからの反応は上々で、むしろ予想を超える反響がありました。メンバーからの意見をダイレクトに仕入れに反映できることもプラスに働きました。

CASE 6

組織のなかでモヤモヤするよりも自分の力を試したい

佐伯由行さん　39歳　男性　岐阜県在住
古着バイヤー

仕事は23歳から35歳まで会社員をやっていました。33歳のときに古着の仕事を始め、いま6年目です。始めたきっかけは自分のやりたいことでお金を稼ぎたかったこと。もともと若いころからアパレルが好きだったんですが、服の販売の仕事は稼ぎにくいし労働時間も長いと聞いていたので、あきらめて別の仕事をやっていました。

会社で働いていたときに思っていたことは、自由に好きなことでお金を稼げたら幸せだろうな、ということ。組織のなかで働く仕事は当然、自分の好きにはできません。上司を見ていると自分の人生が全部見える気がして、「最後はこうやって終わるんだろうな、それは自分が求めてるものなんだろうか?」とモヤモヤして仕事がどんどん面白くなくなっていったんです。

それでメルカリを始めたんですが、子どもが2人いるのでいきなりメルカリを本業にするのはリスキーでした。本当はメルカリ一本でやりたかったものの、最初は会社

メルカリを始めてから6年。いまではメルカリで売ることを人に教える立場に。会社員時代のことを思うと、「この6年間で人生がだいぶ変わった」と実感している。

を辞めないで、まず副業として始めました。

　会社は辞めたかったけど、辞めたいなんてとても妻にいえなかったです。何をいわれるのか怖くて。でも、結局退職しました。きっかけは精神的な病気です。いったん休職しましたが、仕事に復帰したとしても同じことになるんじゃないかという不安もありました。でも、その時点でメルカリで毎月90万円くらいの売上が出ていたので辞められたんです。そうしたら病気も治って。

　メルカリの仕事は時間の都合をつけやすいので、新しく何かに挑戦することへのハードルがものすごく下がりました。そして、こういうお金の稼ぎ方って自分もできるんだと自信がつきましたね。自分でお金を稼ぐのは難しくないし、やり方次第でどんなこともできるんだとメルカリで売ることを通して確信を持てるようになりました。

本業メルカリ成功者たちの共通点

メルカリをお小遣い稼ぎではなく、ご飯が食べられるレベルで使っている人たちには共通点があります。まず、誰もがビジネスについて何もわからない初心者の状況からスタートし、メルカリで売ることでビジネスに慣れていき、それから自分の強みを活かしてライバルがいないマーケットを発見していること。

はじまりはゼロからのスタートです。モノを売ることの予備知識があるわけでもなく、会社員だったり転職活動中だったりで資金や時間に余裕があるわけでもない。そんな人たちが手探りで売っていき、売れない壁にぶつかり、乗り越え、徐々にコツをつかんでいった先に成功があることがわかります。

自分のありふれた強みを掛け算する

モノを売るとき、そのジャンルにはすでに同じようなモノを扱っているライバルがいることがほとんどです。その場合、僕たち後発組が先んじているライバルと同じように戦っても勝てないので、試行錯誤しながら自分独自の強みを見つけていく必要があります。ただし難しく考える必要はありません。**強みとは、個々の特別な才能のような再現性のないものではありません。いくつかのありふれた要素を掛け合わせていくことで個性豊かなビジネスができあがっているのです。**

僕のビジネスなら**「古着×メルカリ×マーケティング×情報発信×卸」**です。これはほかに真似をしている人がいません。古着をメルカリで売っている人は大勢いますし、マーケターも大勢います。しかし、古着を売っていて、マーケティングの視点を人に教えることができ、なおかつその情報を自分のメディアで発信し、卸の実店舗を持っている人となると僕しかいなくなります。この、唯一無二性が成功への鍵です。

たとえば50ページに出てきたガッキーさんは**「メルカリ×ヘルメット×オリジナルのデザイン」**ですし、52ページのなつみさんは**「絵×モデル×古着」**でした。1つひとつの分野で戦っているライバルは大勢いても、3つの分野を掛け算することで誰にも真似されない個性がつくられています。あなたのまわりの人や、業界で際立った仕事をしている人をよく観察して、「あの人の独自性って何だろう？」と考えてみるのもヒントになるでしょう。

僕は起業するまで自分に自信がなく、人よりすぐれた能力や強みなんてまるでないと最初からあきらめていました。もし、あなたもかつての僕のように思うのであれば、一度真剣に自分の好きなこと、強みを考える時間をとって洗い出してみてください。ポイントは**「好きなこと、自分の強みを掛け算することで唯一無二の個性が生まれる」**です。自分の強みを書き出して掛け合わせ、椅子とりゲームのイメージで空いているポジションを見つけましょう。

バズっている他者のアイデアを模倣し、ズラす

僕は会社員時代、自分が起業するなんて1ミリも考えていませんでした。仕事ができない僕がビジネスなんてできるわけない、人に雇われないとお金は得られないものだと思い込んでいたので、働き方を考えたときに起業することは選択肢の候補にすら挙がりませんでした。ビジネスをやったこともないのに、勝手に自分にはできないと難しく考えていたのです。

しかし実際に起業して気づいたことは、ビジネスをするのに何も空前絶後の画期的なアイデアを思いつく必要はまったくないということです。**似たようなもの、同じように見えるけど少し切り口が違っていればいい**のです。もっというと、**別のビジネスの分野ですでに成功しているアイデアを自分の分野にズラしてくるだけでいい**場合もあります。それだけで空いているポジションをとることができたりします。

たとえばテレビ番組やYouTubeの企画がその好例です。バズった企画があると、別の番組でも同じような企画が繰り返されることがよくありますよね。または過去に流行ったフォーマットを持ってくることも多いです。たとえばブレイキングダウンという総合格闘技の大会は「ガチンコ！」という２０００年代に流行ったテレビ番組にフォーマットが似ています。一度成功した例を参考にすることで、無用な失敗を防ぐことができるのです。

ズラすのは企画そのものでなくてもかまいません。**ターゲットであるお客さまをズラすことでもかんたんに差別化できます。**僕のコミュニティのメンバーは、まさに売れるフォーマットはそのまま、ターゲットだけをズラして稼いでいる典型例です。「古着をメルカリで売る」というフォーマットはみなさん同じですし、仕入れているアイテムだってトレンド系やアウトドア、レディースなど5パターンくらいしかないんですが、なぜお互いライバルにならず、みんなが売れ続けているかというと、それぞれターゲットとなる自分のお客さまをズラしているからです。

たとえばノースフェイスというブランドの黒いナイロンパーカーを売るときに、北海道在住の50代の釣り人の男性に売るのか、静岡県在住の40代・2人の子どもがいる4人家族のパパに売るのか、東京都在住の20歳大学生の女子に売るのか。同じアイテムを売っているのですが、それぞれのターゲットに刺さる売り文句はまったく違ってくるので競合になるのを避けることができます。このようにアイデアを模倣して、ターゲットをズラすだけでもビジネスとして成り立つ分野はいくらでもあります。

自己流でやらず、教わったことを素直にやる

僕は起業後のある時期に、売上が頭打ちになり伸び悩んだことがありました。いくら自分で考えてもわからず途方に暮れていたのですが、そのときに半年間数百万円のコンサル料を払って教わっていた師匠にいわれた印象的な言葉があります。それは**「自分のやり方を捨てろ」**という言葉。いまでも折に触れて思い返す大事なメッセージです。

僕は右も左もわからないルーキー時代を経て、経営が多少軌道に乗ってきたときに調子に乗り、成長が止まりました。師匠から学んでいたそれまでのやり方から離れ、「こうしたほうがいいんじゃないの」と、自分の適当なひらめきと直感で我流の仕事をするようになっていたのです。そして恐ろしいことに、我流になっていることに自覚すらありませんでした。「自分のやり方を捨てろ」は、だから伸び悩んでいるんだよと、師匠にズバッと指摘された言葉というわけです。

自己流で好き勝手やるという悪癖は、成功者はまずやっていません。一流のアスリートが必ずコーチをつけているように、自分だけの力で越えられない壁を突破するには客観的な視点からのアドバイスが必要になります。もちろん僕も、いまもメンターをつけて学び

続けています。たとえば56ページに出てきた佐伯由行さんは、メルカリをスタートして半年ほどは月10万円ほどの成果しか出ませんでしたが、自己流に走っていることを諌めたところ、瞬く間に利益が10倍ほどになりました。**僕もそうでしたが自分の癖というのは自分では気づけず、結果に大きな影響を与えている**のです。恐ろしいですよね。

成功するには特別に秀でた能力は不要です。この章に出てきた成果を出した人の共通点を見てもそれはわかります。ではいったい何が成功と失敗を分けるのか？　それには次の章でお話しする**マインドセットが非常に重要**です。知識やノウハウをいくら大量に持っていても、土台となるマインド、つまり考え方を整えないとうまくいきません。僕が比較的早くビジネスで成果が出たのは、とにもかくにもマインドセットを大事にしたからです。

STEP 2

土台

第2章

本業メルカリ成功のためのマインドセット

よい行動の源になる考え方

人は「どう考えるか」によって、どんな行動をとるかが決まります。そしてどんな行動をとるかによって、成功するか失敗するかも決まってきます。たとえば、「とりあえず失敗してもいいからどんどん動こう」と考える人と、「いや、ここは即決を避けて、一度じっくり納得いくまで考えてから結論を出そう」と考える人では、そのあとにとる行動がまったく違ってきます。

前者は失敗もたくさんするかもしれませんが経験を積むことができます。経験を積むことで自分に向いていることや向いていないことを発見することができ、成功に近づくことができます。後者はじっくり考えるうちに行動しないことを正当化する理由がいくつも頭に浮かんできて経験を積むことができません。少なくとも前者より行動するスピードは落ちます。悪くするとリスク意識にがんじがらめになってしまい動けなくなったりします。

マインドセットはとてもシンプルで当たり前のことに聞こえるため、「自分はできてるよ」と、つい考えがちです。僕自身、「マインドなんか無駄じゃね？　ノウハウだけあれ

マインドセットはすべての土台

- プライドを捨て、素直に学ぶこと
- 失敗を恐れず即行動すること
- 「そもそも」を自問自答し続けること
- 自分を信用しないこと
- 自分の努力を認めること
- アウトプットを心がけること
- 1人でやろうとしないこと

まわりの人を
巻き込めると
成長スピードがアップ

ばいいよ」と初心者のころに思っていましたが、**完全に間違いでした。**コミュニティのメンバーたちを見ても、マインドセットを頭に叩き込んで日々行動している人と、知識として知っているだけで活かせていない人では結果が全然違います。

　僕がこの章で書くことは、もしかすると反発したくなったり、抵抗を覚えることもあるかもしれません。そんなときこそ素直に受け入れることを意識してみてください。プライドを捨て、ゼロから素直に受け入れたときに新しい発見があります。ぜひ繰り返し読んでマスターし、あなたのほしい未来を手に入れる一助としてください。

まずはノリで一歩目を踏み出して転んでみよう

心配事の9割は起きないという話がありますが、ビジネスにもそれは当てはまります。会社を辞めたころの僕は、「うまくいかなかったらまわりにバカにされるんじゃないか」「古着の物販を誰もやってないってことは稼げないからじゃないだろうか」「うまくいったとしても長続きしないんじゃないか」……まさに脳内が心配事という名のネガティブな妄想で埋め尽くされていましたが、実際には恐れていたような出来事は起きませんでした。当初は親や友人に心配されることもありましたが、ビジネスが軌道に乗ると応援されるようになり、「すごいね」「俺にも教えてよ」と人に頼まれたりするようになりました。

僕はアフィリエイトから起業の一歩目を踏み出しましたが、そのビジネスモデルの何もかもが気持ちいいくらい自分に向いていないことがわかりましたし、結局1円も稼げませんでした。しかしそこから学べたことは多く、次の一歩につながっていきました。

メルカリでビジネスをするのに、100％準備万端に整える必要はありません。あれがわからない、これも不完全だ、それでいいのです。完璧にしようと思っていたら時間がいくらあっても足りませんし、そもそも完璧に準備するのは不可能です。人はいつ死ぬかわかりません。一歩ずつ歩いて壁にぶつかりながら、必要なことをその都度そろえていけばいいのです。

たとえば僕は自分でビジネスをしようと思っても税金のことなんて一切わからず、会社のつくり方だって理解できず、そういうことを考えると熱を出して寝込んでしまうくらい苦手だったので、すべてを税理士さんや司法書士さんというプロに依頼しました。彼らにお金を払ってみると、拍子抜けするくらいあっさり事が運んでびっくりしました。僕が熱を出しながら自力でやろうとしていたら無駄な時間ばかりかかっていたはずです。その経験から、ビジネスは何から何まで自分1人でやらないといけないわけじゃないことを学び、とても気が楽になったうえに生産性もスピードも上がりました。

納得するまでいくら準備しても、心配や不安は消えません。悩んであなたの貴重な時間を浪費するよりも、**まず一歩踏み出して転んでみる**くらいの気持ちでリラックスして取り組んでください。

「そもそも」を、常に自分に問いかけ続ける

そもそも、あなたはなぜメルカリでご飯が食べられるくらいになりたいのでしょうか？

「いまよりもたくさんのお金を稼ぎたい」「好きな仕事がしたい」「時間を自由に使いたい」「自分の力を試したい」……。動機は人それぞれで、決意して動き始めた当初はテンショ

ンが高いのですが、しかし人間の感情は長続きしません。そのテンションもちょっとしたことですぐにしぼんでしまいます。自分の思いどおりにいかないとたちまち萎えてしまって、「もうダメだ……」では前に進めません。とはいえ僕も、「これが売れたらいくら儲かるぞ」と皮算用をして仕入れた商品がまったく売れなくて、「やっぱり俺は何やってもダメか……」とかんたんに自信をなくした経験があります。そしてそんな経験を文字どおり掃いて捨てるほど繰り返しました。

しかしそんなヘコんだときこそ、**「そもそも、なぜやりたいんだっけ？」**と自分の胸に問いかけるチャンス。**「そもそも」はいつでも初心に返ることができる魔法の言葉**。あなたをフレッシュにもう一度ビジネスに向かわせることができるパワフルな問いかけです。その問いかけから、「あのときと比べると成長したな。これだけやってきたんだな」と自分の努力を認めたり気づくことができるでしょうし、そうすると「よし、もう1回頑張ろう」とモチベーションが復活してきます。

また、**「そもそも」は知らず知らずのうちにズレてしまった行動を軌道修正する目的にも使えます**。1人で黙々とやっていると、何のためにそれをやっているのかがすっぽり抜け落ち、成果に直結しないズレた行動を気づかずに繰り返してしまうことがあります。たとえば商品のリサーチが必要な場面で、早くお金を稼ぎたいがためにひたすらメルカリに出品する作業ばかりやってしまったり。「これは仕事に必要だから」と言い訳をして、YouTube

「そもそも」は魔法の言葉

- 自信をなくしたときに初心に返れる
- 自分の成長にあらためて気づくことができる
- 独りよがりのズレた行動を修正できる

のビジネス系動画を何時間も見続けるなど成果と直接関係ないことばかりしてしまったり。

「そもそも、この行動は何のためにしてるんだっけ?」と自分に問いかけることでズレに気づき、大幅に生産性を上げることができます。壁にぶつかったときはぜひ試してみてください。

自分を信用しないことで新たな可能性が生まれる

会社をほとんどクビ同然で辞めることになったとき、はじめて自分自身を心の底から疑いました。

「いままで俺は自分が正しいと信じた選択肢をいつも選んできたはずだ。自分にとってこの選択がベストだと思って、九州の田舎から上京し、大学を出て就職活動をして、自分が選んだ会社で働いてきた。それなのにクビ。このザマはなんだ。幸せどころかめちゃめちゃ不幸だ。学生時代の友人は仕事に慣れてきて後輩もできたりしてるのに、俺は食うことにも住むところにも困ってる。正しい選択肢を選んできたはずなのに何でなんだ。もしかして……俺が間違ってたのか？間違ってたのは社会じゃなくて俺のほう？」

いま振り返ると、自分を信じられなくなって現実に絶望しきったこのタイミングが人生が変わる瞬間でした。僕はこのときヤケクソで決意したのです。「自分が正しいと思うことの逆の選択をしよう」と。そこではじめて起業を思い立ちました。それまで僕は仕事で評価されたことなどなかったので、自分でビジネスをするなんて大それたことは選択肢にも上りませんでした。だからこそ、やってみよう。自分のエゴが起業なんてできるわけないと抵抗しているからこそ可能性が眠っているかもしれない。チャレンジする価値がある。そう思ったんですね。それから**選択に迷ったときはいつも、自分が抵抗すること、無理だと思うこと、やりたくないことを選ぶようにしました**。しゃべるのが下手で声にコンプレックスがあるけれどYouTubeをやってみよう。人見知りだから知らない人ばかりのビジネス勉強会には行きたくない。だけど行って、おまけにそこで一番目立つことを考えて行動してみよう。事業が軌道に乗り始め、貯金ができてきたとき、本当は1円だって使いたくないけど全部使って、さらに拡大するために勉強しよう。自分より圧倒的にレベルが高い人に会うのは緊張するし怖いけど、会いに行ってみよう。

これらの行動は、それまでの自分なら絶対に選ばないことばかりでしたからこれまでに

自分が思う「正しい」の逆をやってみる

自分を信用すると……

- 過去の延長線上、いままでどおりの結果、慣れ親しんでいる安心な世界
- 驚くような成果は出ない

自分を信用しないと……

- いままでとは違う行動、はじめての経験ばかり、居心地の悪さ、ストレス、怖さ、不安
- 想像を超えた成果がある

ないようなストレスを感じました。吐きそうなくらい怖いこともありました。**しかしそれ以上に、自分自身の器が広がって自信がつきました。**恐怖のほとんどが自分の妄想に過ぎないこともよくわかりました。YouTubeでは「いい声ですね」と視聴者さんからおほめの言葉をいただいたり、怖いイメージの人に勇気を出して話しかけてみると親切にアドバイスしてくださったり、「まさか、嘘でしょ」と思うことの連続でした。心配していることって本当に起こらないんだなと身をもって理解できたので、どんどん積極的に動けるようになり、迷わなくなりました。

もし結果を変えたかったら、いままでと同じ行動をとるのではなく、違う行動をとってみてください。とんでもなく怖いはずですが、やってみる価値は間違いなくあります。

ひょっとすると100人に1人いるかいないか

そもそも、メルカリを使って自分でビジネスをやることに興味を持ち、お金を払ってこの本を読んでいる時点で、**あなたはかなりの少数派であることは間違いありません**。ほとんどの人は「ちょっと興味あるな」と思っても、無料のYouTube動画か何かを見て、「やっぱ自分には関係ないかな」とかんたんにあきらめてすぐに忘れます。そして「仕事がつまらん」「人生がつまらん」と不平不満ばかりこぼす人が大多数なのが現実です。ビジネスでも何でも、抜きん出て成功するためには、ほかの大勢の人たちと同じ思考回路で、同じ行動をとってはいけません。少数派になることは避けて通れないルートなのです。

人はサボりたいですし、いまのままでいたいですし、人と違った行動をとって孤立したくありません。なのに、**あなたはリスクをとって実際に行動を起こし、勉強をして現状を変えようとしています。冷静に考えるととてつもなくすごいこと**です。決して当たり前のことではありません。

「みんなやってないのに、こんなことやって大丈夫かな?」という少数派であることの不安も当然あるはずです。でもそれは成功している人がみな味わってきたことです。落ち込んだとき、悩んだときこそ、人と違うことに挑戦している自分を認め、ほめてあげてください。

行動するだけで少数派になれる

続けるために、丁寧に自分のことを承認する

1人でビジネスをやる場合、自分のモチベーションを保つことが一番の課題になる人も多いです。メルカリでモノを売ることは始めるハードルが低い分、かんたんにやめることもできます。自分のモチベーションを高く保ち続けることはビジネスを成功させるために必須です。そのためにやってほしいのが**自分を承認する**ことです。

ビジネスに取り組めば失敗があって当たり前だと書きました。やることなすこと、ことごとくうまくいかない時期もあるかもしれません。そんなときに「俺はダメだ」と自己否定に陥ると挫折してしまいます。**頑張っている人ほど他人と比較して自分がダメだと責めてしまいがちですが、失敗したときこそネガティブな面を見るのではなく、ポジティブな面を探してみてください**。探してみるとあなたのいいところがたくさん見つかるはずです。日本人はほめるのが下手だといわれますよね。自分のことをほめる習慣がない人は多いと思います。最初はほめるところが見つからなくても、繰り返すことでどんどん上達していきます。もしどうしても見つからなかったら僕にコンタクトをとってください。あなたのいいところを一緒に探すお手伝いをします。

この本を読んでくれているあなたは、メルカリでモノを売ることに興味があって、現状

を変えようと考えていると思います。その時点であなたはほかの人よりも二歩も三歩も先を歩いていて、その分成功に近づいていることを知っているでしょうか。

現状維持バイアスという言葉があります。未知のものや変化、リスクを受け入れることができず、いまのままでありたいという心理的な傾向を指します。人は慣れ親しんだ環境にしがみつきたいんです。変わりたくないんです。ずっとこのままでいたいんです。でもあなたはそこから抜け出て、居心地の悪い環境に自分を連れ出そうとしています。**非凡なチャレンジをしていると思いませんか？** 誰にでもできることではありません。

現状を変えるアクションを起こしているだけで少数派なのです。本業の仕事があったり、子育てや趣味で忙しいのに、時間があったらお酒を飲んだり遊んだり楽なことに使えるのに、あなたはあえてチャレンジをしようとしています。身銭を切って本を買って勉強しています。あきらめて現状を受け入れることのほうがよっぽどかんたんなのに、あなたはあえてチャレンジングなことをやろうとしています。とても素晴らしいことです、本当に。

うまくいかず成果が出ていないときこそ、目先の結果に一喜一憂せず、自分のこれまでの歩みを振り返って承認してください。そうすればちょっとしたつまずき程度では行動が止まらなくなります。

先生マインドで毎日生きてみる

何かを学び始めたときに、生徒でありつつ先生でもある。つまり、学ぶ側でいながら同時に教える側の立場に立つと学習効果がとても高まります。たとえばこの本を読んで何か参考になったことがあれば、その感想をすぐにSNSやブログなどで発信したり、近くにいる人に伝えてみる。即アウトプットして誰かに教えようと決めてから読むことで、ただ漫然と読むよりもインプットの質が飛躍的に上がります。

人に伝えるためには、きちんとその内容を把握していなければうまく伝えることができませんよね。内容を読んで理解したつもりでいたのに、いざ第三者に伝えようとすると、「あれ、何だったっけ？」となるパターンは多いです。アウトプットすることで、自分が理解していなかったことに気づくことができます。先生のように人に教える意識があると、伝えようとするときに、客観的な視点で自分がわかっていること、わかっていないことをつかめるので自分の現在地を把握できるんですね。

そして、アウトプット＝情報を発信する人のところにはどんどん情報と人が集まってくるようになります。情報をもらう側ではなく与える側になるからです。その集まってきた情報をもとにアウトプットすることでさらに情報も集まって人も集まってくる、という好循環が生まれます。

僕がメルカリでモノを売ることのブログを立ち上げたとき、まだ実績はありませんでした。会社員を辞めたこと、いろんなネットビジネスをやったけど何をやってもうまくいかなかったこと。そのくらいでした。

しかしリサイクルショップに行って、仕入れた古着が売れたとか売れないとか、その様子をありのままに書いたり、売れた商品の売れた理由を僕なりに分析して書いていたところ、それが面白がられたのか少しずつアクセスが増え、1件、2件と「やり方を教えてほしい」と依頼が舞い込むようになりました。僕のやり方は少しも完璧ではなかったですし、売上もいまと比べるとものすごく少なかったにもかかわらず。**誇れるような実績なんてなくても、アウトプットすることそのものに価値があった**のです。

逆に、**「自分は初心者です。誰か無料で教えてください」という姿勢はすぐにやめる**ことをおすすめします。相手からしてみるとタダ乗りの初心者とつき合うメリットはありませんから、人とつながれません。あなたが昨日ビジネスを始めたのであれば、まだビジネスを始めていない人にとってあなたは立派な先輩です。「自分は先生である、師匠である」という教える側のマインドで日々生きることで行動が変わり、成果が変わります。誰にでも人に与えられるものがあるはずです。もし万一ないとしたら、この本を読んだ感想を身近な人に伝えるところから始めてみてください。

まわりの人たちを自分ビジネスに巻き込んでいく

メルカリでモノを売ることは1人でもできますが、1人でやることはおすすめしません。1人でやるとかんたんにやめられるからです。**かんたんにはやめられない状況をつくりましょう。**

家族に、友人に、仕事仲間に、自分がいまメルカリに取り組んでいることをどんどんシェアしてください。いまこういうことを勉強してるんだ、こんなきっかけで始めて、あんな夢やこんな目標があるんだ。そうやってあなたの気持ちをまわりの人と共有することで、思わぬ出会いにつながったり、自分よりも詳しい人を紹介してもらえたり、応援されるようになったり、**あなたの予想を超えた展開が起こり始めます。**

僕はコミュニティを運営するにあたって、いろんな人にコミュニティの理念やコンセプトを話し、「こういうことをやりたい」といつも分かち合ってきました。その話を聞きつけて、ＳＤＧｓのイベントを主催している有名企業から共同プロジェクトのオファーをもらったり、メンバーの１人が全国ネットのゴールデンタイムのテレビ番組に出演することになったり、この本を出版するお話をいただいたり。こんなふうになるなんて、まったく想像もしていませんでした。

逆にいうと、**隠れて1人でメルカリをやっていると失敗しても恥をかくことはありませんが、自分の想像を超える大きな成果は得られません**。

そして、ビジネスのすべてを自分1人でやらないといけないという呪縛から自由になると、まったく違う景色が見えてきます。400人のメンバーを抱えるコミュニティの運営は1人で全部できるものではありませんが、愚かにも僕は自分だけで大勢のメンバーのサポートをやろうとしていました。しかしすぐに無理なことがわかって、自分の現状を周囲に伝えたところ、一緒に盛り上げてくれる優秀な講師が次々誕生し、メンバーにきめ細かいサポートをすることができて彼らの売上が上がり、同時に入会希望の人も増えていきました。あなたのチャレンジする姿勢はまわりを力づけます。1人ですべてを抱え込まず、積極的に自分の気持ちを分かち合ってください。

失敗の恐怖から自由になる

この先あなたはメルカリでモノを売ろうとして壁にぶつかり、必ず挫折しそうになります。あなたはメルカリでご飯を食べようとしている偉大なチャレンジャーなので壁にぶつかるのは避けられないことです。入念にリサーチして売れると確信して出品した商品が売れなかったり、仕事やプライベートが忙しくメルカリへのモチベーションがなくなったりするでしょう。しかしそれは誰もが通る道です。僕もかつて通りました。いまでこそメルカリで成功している人たちも数々の失敗を経験しています。チャレンジしない人は失敗も成功もしませんが、怖さを超えてチャレンジする人は必ず失敗します。逃げたくても逃げられません。

失敗の恐怖を乗り越える方法。それは**失敗を歓迎する**ことです。「失敗大歓迎！　ウエルカム！　困難よ、自分のところへどんどんやって来い！」と、失敗を避けるのではなく歓迎する方向に考え方を180度変えることで恐怖は消えます。そして実際に失敗が起きたときに、「よし来た、自分を成長させるイベントが起きた！　ありがとう！　よっしゃどうやって乗り越えようかな」とワクワクするようになります。まさに怖いものなしの最強メンタルです。

失敗こそが、あなたを成長させる唯一の機会です。いままであなたの人生にも失敗はあったと思います。僕の人生は失敗だらけでした。でも、過去にどんなに困難な状況となっても、それを何度も何度も乗り越えてきたからこそ、いまあなたはここにいて、この本を読んでいます。どんなことが起きても、あなたは乗り越えられます。何が起きてもOK！

失敗大歓迎！　オープンにチャレンジしていきましょう。その先に必ず成功が待っています。

STEP 3

立ち上げ

第3章

本業メルカリのゼロイチ

いまの自分では
ギリギリ無理そうな目標を設定する

この章から本業メルカリを実践するためのノウハウに入ります。このノウハウを頭に叩き込んで行動することで、お小遣い稼ぎレベルではなく、メルカリで月に30万円以上の利益を出すことが狙えます。

メルカリで成果を出すための流れは極めてシンプルです。いつまでにいくら売上を立てるという目標設定をし、次に、何を、どんなお客さまに売るのかを決めます。そして実際にメルカリで売って、お客さまからの反応を見ながら売れるモノと売れないモノを選別し、売れるモノだけを仕入れて売ることを繰り返します。小さくてもこの仕組みが構築できれば、あとは出品を増やすことに注力することで売上が伸びていきます。

そしてノウハウを実践するにあたって大事なのは、**目的からズレない**ことです。1人でやっていると知らず知らずのうちに正しいレールから脱線し、結果に結びつかない的外れな行動をしていることがよくあります。**いま自分は何のためにこの作業をしているのか？**　自分がしていることが目的からズレていないかセルフチェックする癖をつけてください。

そのためには「数字」を見ることです。メルカリに出品すると、アクセス数やいいね！など、お客さまからのリアクションが数値化されます。その数字を見ながら、うまくいっていることはそのまま続け、うまくいっていないところだけテコ入れや修正をしていきます。結果を見ながらトライアンドエラーを繰り返していくということです。

数字は嘘をつきません。ビジネスは結果がすべてです。結果が出ないことに言い訳を挟む余地はなく、あなたの課題が浮き彫りになるでしょう。とくにビジネスを始めたばかりのころは、この課題と向き合うことが本当に苦しく、逃げたくなることが何度もあると思います。実際、多くの人がこの関門で脱落してしまいます。僕自身、「やっぱり俺にはできない」「才能がない」「どうせ何をやってもダメだ」と何回くじけそうになったかわかりません。

どんなことでも、ゼロからイチを創造するのが一番難しいのは間違いありません。はじめてのことにチャレンジするのは、それだけでもけっこうなストレスになります。しかしゼロイチの局面こそが、本業メルカリの最大の山場であり、同時にやりがいのあるステージです。まさにあなたの人生が変わる瞬間です。ゼロイチができたら1を10に拡大していくことはそれほど難しくありません。ここで脱落してしまう人が多いということは、逆に考えるとあきらめなければ成果はついてくるということです。何も知らない子どものようにキラキラした気持ちで取り組んでいきましょう。

数字の目標とワクワクしてくる目標

実践する前に、まずはビジネスの目標を設定します。必ず、いつまでにという「期間目標」と、「売上（または利益）目標」という2つの数字を決めます。「1年後の○月×日までに、利益30万円を稼ぐ」ということです。そして同時に、**どんなライフスタイルを実現したいかという抽象的な目標もセットで考えるとさらに強力**です。目標を達成したそのときは、どんな生活を送っているのか。どんなお金や時間の使い方をしているのか。まわりにはどんな仲間がいるのか。そんなことを軸に考えて書き出してみるとなりたい人生のイメージが湧いてきて、さらにワクワクしてきます。

このワクワクする気持ちが目標を達成するための、ビジネスを継続するための原動力になり、この先悩んだときにあなたの心をもう一度奮い立たせてくれます。目標はまっ白な紙に、できるだけ多くのことを、現時点で思いつく限り書いてみてください。目標に完璧はありません。あとからでも思いついたらどんどん追加したり消したりしてください。

ある程度納得できる目標が描けたら、あなたにとっての理想的なライフスタイルを実現するためには、いまどんなことをすればいいのか、何が必要なのか、自然と逆算して考えられるようになります。

たとえば1年後の目標を決めたのなら、それを達成するために9カ月後、半年後、3カ月後、1カ月後に、どんな目標が達成されるべきなのか逆算して設定することができます。「1年後の○月×日までに利益30万円を稼ぐのであれば、9カ月後に最低でも20万円は稼いでおきたい。となると半年後に10万円、3カ月後に5万円、1カ月後は1万円の利益が稼げればよさそうだ。とすると最初に必要な仕入れ資金は2~3万円あればいいな。あれ、なんか思ってたよりいけそうかも！」というふうに具体性がアップしていきます。

この目標は、いま仕入れに使えるお金、いま使える時間、いま持っている知識をベースに考えていきます。仕入れ資金が1万円なのに1年後に１００万円の利益を目標にしても現実味がないですし、逆に目標数値が低すぎるとあなたの成長につながりません。**目標設定をするときには、「現時点での自分の能力の延長線上で考えるとおそらく達成不可能な数字やライフスタイル」を1つの基準にしてください。**いまのままの自分では厳しい、おそらく無理そうだとあなたが思う数字です。いままでどおりのやり方や行動量では絶対に達成しない目標を設定してはじめて、人はいままでのやり方を手放してまったく新しい発想ができるようになるのです。ここはぜひ大胆に、自分を小さく見積もらず、思い切った目標を立ててみることをおすすめします。

メルカリでご飯を食べるための“抽象的な”ノウハウ

本書では、メルカリの使い方のような初歩的なことはあえてすっ飛ばしています。そして個別具体的な、たとえばキーワードはこう書いて、写真はこういうふうに撮影して……といったノウハウも最小限に抑え、あえて抽象度の高い内容を書いています。それはメルカリでどんなモノを売るにしても、そしてこの先メルカリがどのように仕様を変更したとしても通用する本質的なノウハウを伝えるためです。

そのノウハウをマスターできれば、第1章で触れた先駆者たちのようにあなたもメルカリで生計を立てることが可能になるでしょう。モノやサービスを売ることは商売の基本であり、どんなビジネスにも応用が利きます。ここで学んだことを活かし、あなた独自の視点でセレクトした面白い品ぞろえやショップをつくり、自分の人生、そして世界を面白くしていきましょう。

ゼロイチの流れ

1 「何を売るか」

・自分の強み、好きを棚卸する
・扱う商品をおおまかに決める

自分が好きで
詳しくて、
人にすすめたい
モノは?

2 「商品リサーチ」

・それはメルカリで売れているか?
・仕入れはできるか?

買い手は
しっかりいるな

3 「誰に売るか」

・ターゲットを絞る
・ライバルはいるか?

お客さまを
特定の1人に
絞るとしたら
どんな人?

4 「ターゲットリサーチ」

・お客さまを深く理解する
・相場を踏まえた適切な価格設定

お客さまが
手に入れたい
未来は?

古物商許可とメルカリShops

メルカリでもし中古品を扱うのであれば知っておきたい法律が古物営業法です。メルカリ公式サイトにおける「ルールとマナー」にも、個人間の売買では原則として不要ですが、営利目的で中古品（古物）を扱っているのであれば必要と明記されています。

基本的にメルカリは個人が不用品を売る場所、そしてメルカリShopsは事業者向けと、すみ分けがされています。メルカリShopsは個人事業主、法人が開設できるメルカリ内のショップのことで、ビジネスとしてメルカリを使う人はメルカリShopsを利用することになります。

古物営業法は偽ブランド品や盗品の売買を防ぎ、速やかに発見するための法律で、もし無許可で古物の売買を行った場合、無許可営業として3年以下の懲役または1年以下の罰金が科せられることがあります。**メルカリで中古品を扱う場合は必ず事前に古物商許可を取得するようにしましょう**。また、自家製の食品、お酒や、冷蔵・冷凍が必要な生鮮食品なども各種許認可証が必要になります。自動車やオートバイ本体、健康食品、チケットなどメルカリShopsで出品が禁止されているものもいくつかあります。自分が何を扱うのか考えたら、その商品はメルカリのルールに違反していないか確認を行うようにしてください。

メルカリShops

- メルカリShopsは個人事業主、法人が開設できるメルカリ内のショップ
- 出店手続きはスマホ or PCだけでできる
- 出品方法はメルカリと同じ。販売手数料もメルカリと同じ10%
- 出店料などの初期費用、月額利用料はかからない
- 中古品を扱うショップは古物商許可が必要

	メルカリShops	メルカリ
対象者	個人事業主、法人	個人
特定商取引法への対応	特定商取引法に基づき販売者の情報を公開する必要がある	不要
アカウントの運営	1つのアカウント（1つのショップ）を複数人で運営できる	1つのアカウントを1人で運営する
SNS連携	できる	できない
クーポンの発行	できる	できない
その他	在庫管理、一括商品登録の機能がある	在庫管理、一括商品登録の機能がない

メルカリで何を売ればいいか？

さて、目標を設定したら、次は何を売るかを決めます。あなたの目標をかなえるために、ここで妥協はできません。自分が好きだったこと、趣味、得意なことなど、いままでの自分を棚卸してじっくり考えてみてください。ここはリアルのお店でいうと、ラーメン屋を開くのか雑貨屋か八百屋か学習塾か、というとても大事なところです。適当に決めてあとから修正するのは大変です。

もし売る商品が何も思いつかないのであれば、メルカリのカテゴリーを見ながら考えるとアイデアが出てくるかもしれません。**本業メルカリ的なおすすめは、「アウトドア・釣り・旅行用品」「スポーツ」「コスメ・美容」「テレビ・オーディオ・カメラ」「家具・インテリア」などの趣味性が高いカテゴリー**です。このなかに自分が好きだったり詳しい分野があれば、同カテゴリーにすでに出店しているライバルとすぐに勝負できるようになりますし、売り方によって大幅に高く売ることができます。「好きこそものの上手なれ」の諺のとおり、そのモノが好きな人であれば、後発であってもすぐに頭角を現すことができるでしょう。あなたの強みをいろいろ組み合わせ、ほかにないニッチな独自のショップをつくることをおすすめします。

メルカリのカテゴリーと商品リサーチ

ファッション	ベビー・キッズ	ゲーム・おもちゃ・グッズ
ホビー・楽器・アート	チケット	本・雑誌・漫画
CD・DVD・ブルーレイ	スマホ・タブレット・パソコン	テレビ・オーディオ・カメラ
生活家電・空調	スポーツ	アウトドア・釣り・旅行用品
コスメ・美容	ダイエット・健康	食品・飲料・酒
キッチン・日用品・その他	家具・インテリア	ペット用品
DIY・工具	フラワー・ガーデニング	ハンドメイド・手芸
車・バイク・自転車		

※ 車・バイク本体、健康食品・サプリメント・化粧品を除く美容用品はメルカリShopsでは販売できない

自転車本体を「売り切れのみ／いいね！順」で並び替えたところ。お客さまの需要があり、売れた実績がある商品が並ぶ。相場を知りたいときにも便利。

自転車本体を「売り切れのみ／新しい順」で並び替えたところ。リアルタイムで売れているものがわかる。

たとえば、あなたが自転車カテゴリーでモノを売るとしましょう。自転車という大きいカテゴリーから絞り込み、商品を細かく見ていきます。自転車カテゴリーには自転車本体はもちろん、タイヤやホイールなどのパーツ、メンテナンスに必要な各種ツール、バッグやサイクリングウェアといったアパレルなど、一口に自転車といっても扱える商品の種類は多岐にわたります。そのなかでまとめて売れそうなモノをセット売りしてみたり、逆にバラバラに分けて売ってみたり、あるいは自転車とは別のカテゴリーと掛け合わせたりもできるかもしれません。またターゲットを初心者にするのか、それとも中級者や上級者にするのかでも見せ方やキーワードの表現はまったく変わってきます。

どんなカテゴリーでも細かく粘り強くリサーチしていくことで、自分の知識とマッチし、かつ競合が弱いカテゴリーが見つかるはずです。これに加えて、後ほど説明するターゲットの設定をすれば「ライバルがたくさんいて……」と悩むことはなくなるでしょう。

ずらっと雑多なモノが並んだメルカリのタイムラインをスクロールしながらひたすら見ていると、「明らかにビジネス目的ではない」アカウントや商品ページがたくさんあることに気づきます。それらは、お小遣い稼ぎまたは断捨離目的でメルカリを利用しているアカウントです。そこにあなたが本気でお金を稼ぐために、徹底的に考え抜いてショップをつくったらどうでしょう？　そうです。**ほかの出品者をごぼう抜きできます**。それはたとえば学園祭の屋台のようなゆるい雰囲気のお店ばかり並んでいる場所に、あなただけピカピカの店構えで本格的な料理のお店を出すようなものです。負けるはずがありません。

そして同時にここで意識してほしいことが、**最初からガチガチに何を売るかを固めすぎない**こと。初心者のときにこれだ！　とカテゴリーを絞り込みすぎると、それが外れていた場合、出だしからつまずくことになります。最初はある程度売るモノの種類に幅を持たせて、テストをすることで方向性を定めていってください。自転車カテゴリーでたとえるなら、最初から自転車のペダル1種類に絞って売るのではなく、「まずはパーツカテゴリーから」というふうに余白を残します。そしてパーツカテゴリーのなかからペダルやホイールやフレームなどをいくつか選んでテスト出品し、そのなかでフレームの反応がいいというデータがとれたら次はフレームに絞っていく、というような流れです。

売れる商品のリサーチ方法

「何を売るか？」をざっくり決めたら、そのカテゴリー、その商品が本当に売れるのか、気のせいや思い込みでないかを確かめるために商品リサーチを必ず行ってください。**商品リサーチがきっちりできて売れるモノがわかっていれば、メルカリでモノを売ることは答えがわかっている試験を受けるような状態**になり、とても難易度が下がります。

売れるモノがわかれば仕入れの怖さも減少します。「売れなかったらどうする……」の恐怖から解放され、むしろ出品すればするだけ売れるようになっていくので、めちゃめちゃ楽しくなります。逆にリサーチを怠ると、せっかく需要がある商品であっても、その商品のどの要素がお客さまをひきつけるのかがわからないため適切なアピールができず、値下げをしないと売れなかったり、そもそも需要がない商品を仕入れてしまったりということになってしまいます。手を抜かずきちんとやっていきましょう。

では実際にメルカリを使ってリサーチする方法ですが、**どんなカテゴリーの商品を売るにしても、やることは同じで極めてシンプル**です。メルカリで自分が売るカテゴリーを絞ったら、**販売状況を「売り切れのみ」、並び順を「いいね！順」、または「新しい順」にするだけ**です。たとえば「アウトドア・釣り・旅行用品」カテゴリーを選んで、条件を「売り切れのみ」「いいね！順」にすると、テント、ランタン、ノースフェイスのジャケット、キャリーワゴン、リュックサック……と多種多様な商品がタイムラインに表示されます。これで実際にメルカリで売れているモノが一目瞭然でわかります。このとき、もしあなたが何を売ればいいか迷っているのであれば、タイムラインのなかから自分が詳しい商品や興味があるモノをタップしてどんどん探求していくのもよいでしょう。並び順を「新しい順」にすると、いまこの瞬間のそのカテゴリーの最新トレンドがわかります。メディアが紹介するものではなく、実際に消費者が買っている生の価値あるデータをかんたんに手に入れることができるのです。

この極めてシンプルなリサーチで、たくさんの情報を得ることができます。商品を個別に絞ってリサーチすれば売れる相場価格がわかるのはもちろん、そのカテゴリーで売れているショップも見つかります。売れているショップを見つけたら、そのショップはほかにどんな品ぞろえをしているのか、どんな世界観を演出しているのか、誰をターゲットにしているのかもわかりますし、自分のショップと比較することもできます。トレンドのデザインやキーワードもざくざく手に入ります。扱うモノによっては、同じキーワードで毎日続けてリサーチしていくとトレンドの変化もわかって面白いです。たとえば洋服はとくに顕著です。年末までは冬服がタイムラインを席巻していたのに、年が明けたとたんに真冬用の防寒アイテムの出品数が目に見えて減り、冬の売り尽くしセールがあちこちで開催されるようになったりします。まだまだリアルタイムでは寒くても、消費者の頭は何カ月か先の春を見ているのです。

時間もかかりませんから日ごろのちょっとしたスキマ時間にささっとリサーチすることを癖づけておくと、受け取る情報のレベルが日々上がっていくことを実感できます。

「この出品者は何でこの順番で商品タイトルのキーワードを並べているんだろう？」
「どんなお客さまを狙ってショップづくりをしているんだろう？」
「この写真はどうやって撮っているんだろう？」

このように考える癖がつくと、それまで見えていなかったことが見えるようになり、自分のショップにフィードバックできるヒントが見つかります。ぜひ、いろんなジャンルで自由にリサーチを楽しんで自分のショップづくりに活かしてください。

お客さまを深く掘り下げる

リサーチによって何を売るかを絞れたら、その商品を買ってくれるお客さまを細部まで掘り下げて設定します。僕たちは、大企業のように多額の広告費をかけて大勢の人に一気にアプローチするようなことはできません。しかし逆に、**大企業が取りこぼしてしまうような個人の細かいニーズに寄り添えるのが強み**です。大手が手を出さないニッチな商品を扱ったり、ライバルがいない空白地帯を見つけたり、丁寧に1つひとつの商品を売ることで売上を上げていくのです。

それでは、お客さまの決め方について説明します。ポイントは、**「お客さまは特定の1人に決めよう」**ということ。たとえばノースフェイスというブランドの古着を扱うのであれば、それを特定の誰に売るのか？　を決めます。20歳の都内に住む男子大学生なのか、34歳の長野県に住むキャンプが趣味の2児のパパなのか、55歳の秋田県に住む山歩きが趣味の専業主婦なのか。これはあくまで一例ですが、**設定するお客さまによって同じ商品でもショップの世界観の演出やキーワードの選び方がまったく違ってきます。**

誰に売るのか？を考える

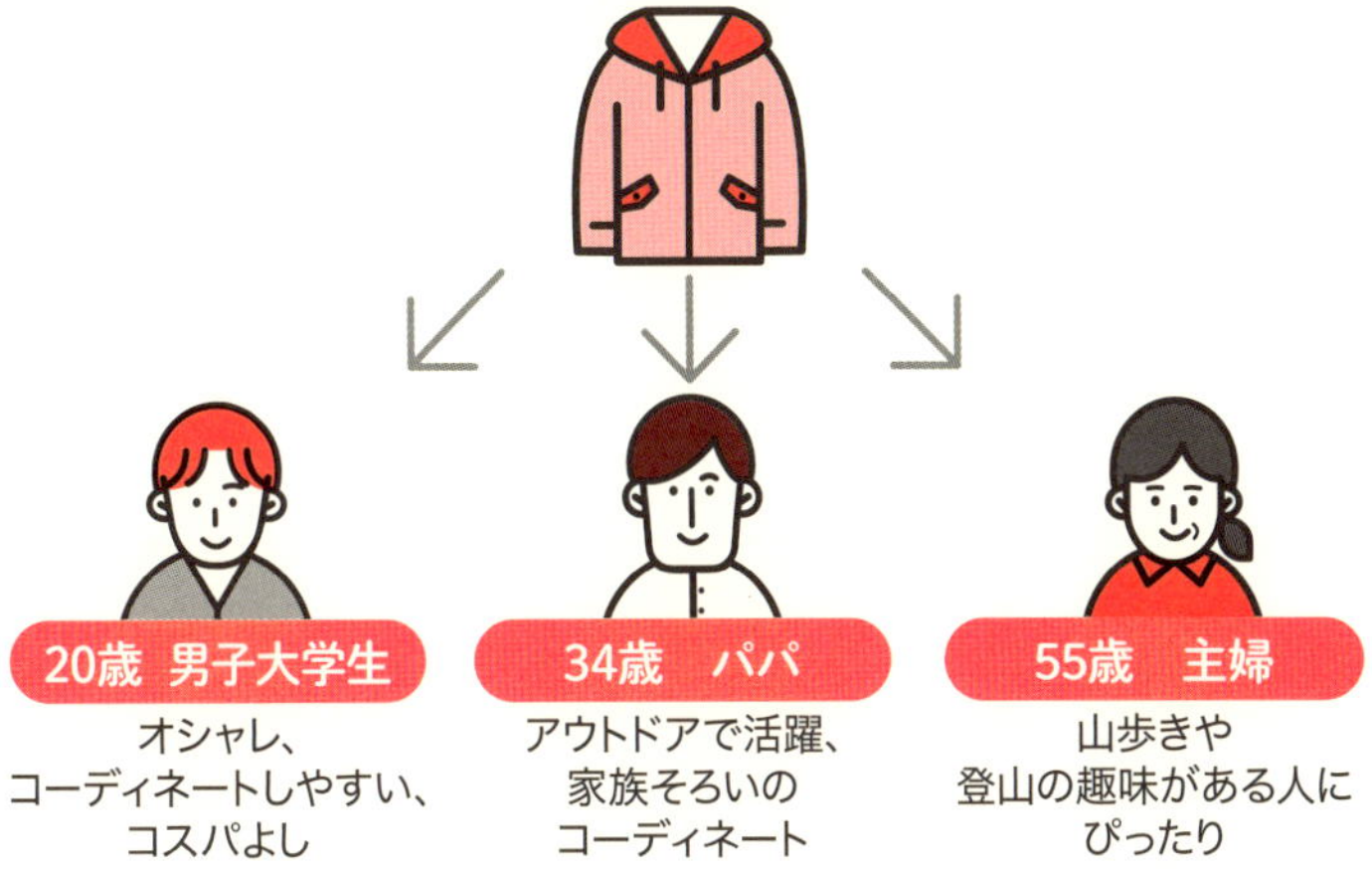

同じノースフェイスの古着を売るにしても、男子大学生に売るなら、ノースフェイスの古着はオシャレで同年代に流行っていること、新品に比べて安価なこと、コーディネートしやすいこと、デートシーンでも着ていけるコスパのよさがあることなどをアピールすべきですし、34歳のパパには、キャンプのときにノースフェイスの高い機能性が発揮されること、家族みんなでおそろいのコーディネートでキャンプを楽しめることなどを表現すると刺さるかもしれません。55歳の主婦には、「突然雨が降ったり強風が吹いたり、暑くなったり寒くなったりする不安定な山の天候にも、ノースフェイスのこの機能があれば全部対応できますよ」と伝えてみたり。あるいは「真夏でもさっと羽織れてバッグに入る携帯性と軽

さは便利ですよ。街中で着るには派手すぎる赤や青などの原色カラーも、山では遭難防止のために効果がありますよ」と表現してみたら興味が湧く可能性が高いです。

このように、同じ商品を売るにしても、ターゲットとするお客さまが変わると商品説明文におけるテキストのつくり方や打ち出すキーワードがまったく変わります。**一番やってはいけないのが、「20代の男性に売ります」のようなざっくりしすぎたお客さま像にしてしまうこと**。これだと売れる商品も売れないのですが、やってしまっている人は非常に多いです。

「20代」のなかには20歳も含まれれば29歳も含まれます。しかし20歳と29歳は、たとえ同じ人物であっても収入や家族構成、お金の使い方、趣味嗜好や人生観がまるっきり変わっていてもおかしくありません。そのため「20代」のような広いくくりにすると、お客さまに突き刺さる商品ページをつくることができません。誰にでも当てはまりそうな八方美人な商品説明文になり、その結果、売れないショップができてしまいます。

そして、**あなたが設定したお客さまはお金を持っているのか？　ということも大事な要素**です。お金がない人よりもお金がある人をお客さまに設定したほうがビジネスは絶対に楽です。みんなが1円でも安く買おうとしているマーケットでやろうとすると疲弊します。

メルカリで大きく利益を出すためには、何を誰に売るのかが本当に大事です。自分の強みを活かしながら頭をフル回転させて時間をかけて考えてみてください。

お客さまのリサーチはどうする？

　何を誰に売るかが決まったら、次にお客さまのことを深く理解していきましょう。「こんな人にこれを売ろう！」と決めても、お客さまのことを知らなければ商品タイトルも商品説明文も、ふわっとしたものしか書けません。**お客さまがほしがっている情報や手に入れたい未来、知らなかった知識。それらを先回りしてお客さまに届けることができれば売れます**。ただ売れるだけではありません。それができれば、お客さまは「待ってました！あなたが出品してるその商品をずっと探してたんです！　ありがとうございます！　ほかにもこんな商品ありませんか？」という反応になり、お客さまのなかからリピーターになってくれる人が現れます。

　ではお客さまのことを知る方法です。自分の好きなモノをビジネスにしているとやはりスムーズにリサーチができます。むしろリサーチしなくてもわかるという人もいるかもしれません。自分の好きなことや趣味にまつわるモノを売っていれば、あらためてリサーチをしなくても自分のことを振り返るだけでお客さまの気持ちや行動原理がわかるからです。

　そうはいっても自分だけだと主観的な考えに偏ってしまうのではないかと不安であれ

ば、たとえば同じ趣味でつながっている仲間にメルカリの商品ページを見せて聞いてみるとよいでしょう。「今度メルカリでこの商品を本腰を入れて売ってみようと思ってるんだけど、どういうふうに商品ページをつくったらお客さんはほしくなるかな？　いまはこんな感じで売ってるんだけどこれでほしくなる？」と。趣味を同じくする仲間から、その趣味の商品について聞かれたら誰だって答えたくなりますよね。

そういう仲間がまわりにいなくてもネットのコミュニティがあります。また、同好会が主催しているリアルのイベントなどに行くチャンスがあれば、ターゲットリサーチに加えて、その場であらかじめつくっておいた自分のショップを紹介する名刺を配って顔を売り、販売につなげることだって可能です。

「自分」をお客さまに設定することもよいでしょう。自分と同様の価値観を持っている人がいそうなのであれば、自分とよく似た嗜好の人がお客さまになります。しかし自分をお客さまにすると、ときにターゲットと自分の主観がものすごくズレていることがあるので注意してください。僕も、初心者のころに自分をターゲットにして商品を仕入れたところ、僕の好きなモノはお客さまには需要がなかったようで、哀れ大量に売れ残る失敗もしました。やはり第三者に客観的な意見をもらうのが一番安全です。

僕たちがモノを売るとき、あなたがよく理解しているたった1人の人に、ありったけの気持ちを込めて商品の魅力を伝えることが本当に重要です。ここで、「どうせ手を抜いてもお客さまにはバレないしわからないし関係ないでしょ」と、商品説明文をコピペで使い回してサボると、本当にびっくりするほど売れません。よくも悪くも、あなたの考えはすべてメルカリの商品ページを通じてお客さまに伝わっていることを肝に銘じてください。

買い物をするお客さまはとてもシビアで真剣で頭がよく、無駄なことには1円だってお金を使いたくないと考えています。こちら側の本気度や情熱は、すべてお客さまに筒抜けです。シンプルに、こちらが適当にやったら売れないですし、本気でやったら売れます。**売れるか売れないかは完全にこちら次第**です。

また、お客さまはとても退屈しています。「なんかいいモノないかなー」「誰かいいモノ教えてくれないかな、あったら絶対買うのに」と、**自分の未来を楽しくしてくれたり快適にしてくれたり幸せにしてくれる何かを、生きている限り常に探しています**。あなたがそれを、自信を持ってお客さまに提供してあげてください。

いい商品を知っているのに、いい商品を持っているのに、それを売らないこと、伝えないことは罪なことだと僕は思います。あなたが本気でお客さまに喜んでほしいという思いで取り組めば、あなたの売上が上がっていくことはもちろん、その気持ちは必ずお客さまにも伝わり、きっと喜んでもらえます。

メルカリの売上を伸ばすために ポイントを押さえて行動する

「物販の経験がほとんどないのだけれど、物販の知識をちゃんとつけてから始めたほうがいいの？」という質問をよく受けます。答えは、メルカリでモノを売ることの全体像をつかんだら、あとは小さく始めて実際に売りながら、壁にぶつかったとき壁を越えるために必要な知識をつけていくのが最短距離です。あっちこっち手を広げればいいというものではありません。知識ばかり蓄えても意味がなく、とくに個別具体的なテクニックを追いかけるとキリがありません。

リサーチ、仕入れ、メルカリへの出品など何らかの行動をとろうとしているときに、「なぜいま自分はその行動をとるのか？　何が目的で、その行動をとったらどういう結果が手に入るのか？」という**目的や意図を自分のなかにいつも持っていると、ズレた行動にはまらなくなり生産性が飛躍的に上がります**。

人は放っておくと、無意識のうちに自分が得意なこと・好きなこと・楽なこと・頭を使わなくてもいいこと・慣れていること・やりたいこと・ストレスのないことをやり始めます。タチの悪いことに、そのことを正当化するもっともらしい言い訳を持っていることもよくあります。

モノを売ることであれば、仕入れ→出品→集客→販売→発送という工程がありますが、出品をしなければならないのに仕入れが楽しいから仕入ればかりやってしまうとか、知識がないからリサーチをしないといけないのに、それをすっ飛ばして出品をしてしまうなどをついついやってしまい、本当にほしかった成果が手に入らないというのはよくある失敗です。成果を最短距離で手に入れるために、ズレた行動をしないために、常に自分に**「なぜいまこの行動をとっているのか？」**という問いかけをしてください。

僕も始めたばかりのころはビジネスの勉強が何もかも新鮮で楽しく、あっちこっちでたくさん学びましたが、いつの間にか勉強することが手段ではなく目的になってしまったことに気づいた瞬間があります。ビジネスの勉強はお金を稼ぐための手段のはずだったのに、勉強それ自体が楽しくなってしまっていたんですね。そしてそれが成果につながっていないこと、迷いの原因になってしまっていたこと、自分がズレていたことを自覚してからは、成果を出すためのポイントを押さえた、いま必要な勉強をすることだけに切り替えました。

ついついやりがちな自分の癖を見極めて、最短距離で成果に向けて行動しましょう。

メルカリで売る商品のテストをする

95ページで、「最初はある程度売るモノの種類に幅を持たせて、テストをすることで方向性を定めていく」と書きました。アカウントをつくりたての時期は、ガチガチにアカウントの世界観をつくり込むことはしなくて大丈夫です。初心者のころは何もかもがはじめてなので、「これでいける」つもりでいても実際は思いどおりにいかないことが多発しますし、「あれが足りない」「これはやりすぎ」ということもよくあります。**何を誰に売るかは多少ゆとりを持って設定し、まずは少量からメルカリに出品しテスト販売をします**。失敗はつきものなのでダメージを最小限に抑えることが目的です。

僕が駆け出しの古着バイヤーだったころ、リサイクルショップで安く売られていたセレクトショップのオリジナルアイテムをたくさん仕入れ、結局ほとんど売れず不良在庫となり、泣く泣く処分した経験があります。このときに僕が考えていたことはいま振り返るとものすごく浅はかで恥ずかしいことで、「誰でも知ってる有名セレクトショップのタグがついてるし、何よりどれも1000円くらいで安く仕入れられるから、2倍の値で出品しても若くてオシャレ好きな男性が買うだろう」というものでした。

しかし、セレクトショップはそのときの流行のデザインを取り入れているため、トレン

テスト販売

1

扱う商品をおおまかに決める

最初から「これだけ売る!」と決めなくていい
やっていくうちに変わっていくのが当たり前

↓

2

**「幅をとる」ことを意識して、
いろいろな種類の商品を出品し、
アクセス数と
いいね!の数をチェック**

↓

3

**テストを重ねて
反応がいい商品を集めていく**

ドのタイミングを逃すとまったく売れず、さらに新品でもセールで安くなることが多く古着の需要はあまりないのです。当時の僕はそんなことを知らないまま仕入れており、不良在庫になるのは当然の結果でした。

このときの僕にはテスト販売をする思考がありませんでした。この商品はこういうお客さまに売れるのではないかとリサーチし仮説を立てたら、その仮説が正しいかどうかを検証するために、まず少量でテスト販売することを心に留めてください。

メルカリでテスト販売をするときにチェックするのは、その商品のアクセス数といいね！の数です。ターゲットとなるお客さまをゆるく絞ったうえで、お客さまが好みそうな商品を、幅を広げていろいろ出品してみて実際の反応を見ます。洋服のシャツでいうなら、チェック、ストライプ、ドットなど複数の柄を並べてみる、ビジネスとカジュアルなど着用するシーンで分けてみる、異なる素材やサイズのアイテムを出品してみるなどさまざまな切り口でテストします。

そうすると、アクセス数やいいね！の反応がいいアイテムと悪いアイテムに必ず分かれます。その段階を経て、「こういう反応があるということは、やっぱり目論見どおり、この商品はこういう人に需要があるみたいだ」と自分の仕入れに自信が深まります。テスト販売でうまく売れたのなら、その方向にまた枝を伸ばして仕入れをしていくイメージです。アクセス数やいいね！数の反応が思っていたより悪ければもちろん、「次はこの商品の仕入れは減らそう」とか「キーワードやサムネイルを変更しよう」と軌道修正することになります。

そうやって**テストを繰り返していると、最終的に反応がいい商品ばかりで固まった専門店が自然にできあがっていきます**。専門店になるとショップに固定ファンがつき、リピーターも増え売上が安定します。受取評価の数も増えるためお客さまから信用されるようになり、相場より高い値段で売ることも可能になっていきます。

専門店化が売上の鍵を握る

専門店について考える前に、専門店とは真逆の店づくりをしている業種について考えてみましょう。たとえばリサイクルショップやコンビニなどの、いろんな種類の商品がところ狭しと売られているようなお店です。これらのお店の強みは「安価な商品をたくさん売っている」ことですが、商品が安価なため、値段が安いものを求めてくる人がメインのお客さまになります。そのようなお客さまを僕たちがターゲットにすると大変です。1個につき数十円や数百円の利益のために数多くのリサーチや仕入れをこなすことはポイントを押さえた行動とはいえません。

本業メルカリでは専門店をつくることをめざしましょう。扱う商品を特定のカテゴリーに絞って、どんなにニッチなジャンルでもいいので、そこでナンバーワンまたはオンリーワンのショップになることに焦点を定めてください。そうすると、たとえライバルが同じような商品をあなたより安く売っていたとしても、「あなたのお店で買いたい」というファンが現れるようになります。

専門店では、ショップに並べる商品の価格帯をそろえることが重要です。お客さまがあなたのショップの商品をざっと俯瞰したときに、「このお店はだいたい1～5万円の価格の商品が売られているんだな」とわかるように価格帯をそろえます。1〜5万円というのはあくまで一例ですが、大事なのは価格帯からあまりに安かったり高かったりする商品を置かないようにすること。**それをやってしまうと全体の売上に悪い影響が出ます**。

たとえばだいたい数万円の商品が多く並んでいるお店に50万円の商品を置いたり、逆に1000円の商品を並べてしまうと、ショップの世界観が崩壊し、どういうショップなのかお客さまが理解できなくなるためお客さまは離脱してしまいます。ユニクロに50万円の洋服はなく、ルイ・ヴィトンに1000円のバッグがないのはそれぞれのブランドの世界観を守るためです。

専門店としてコンセプトをまとめ、値段をそろえ、お客さまのニーズに丁寧に寄り添ったショップをつくりましょう。

松竹梅の法則を価格設定に取り入れる

ターゲットを厳密に決めて専門店化しても、実際にはターゲットから外れた人もあなたのショップにアクセスしてきます。そんなお客さまにも買ってもらうために、**商品の値段設定をうなぎ屋さんやお寿司屋さんの松竹梅のように幅を持たせてください**。

松竹梅で値段を分けて売ると、結果的にまん中の竹がもっとも売れることが知られてお

価格帯の層をつくる

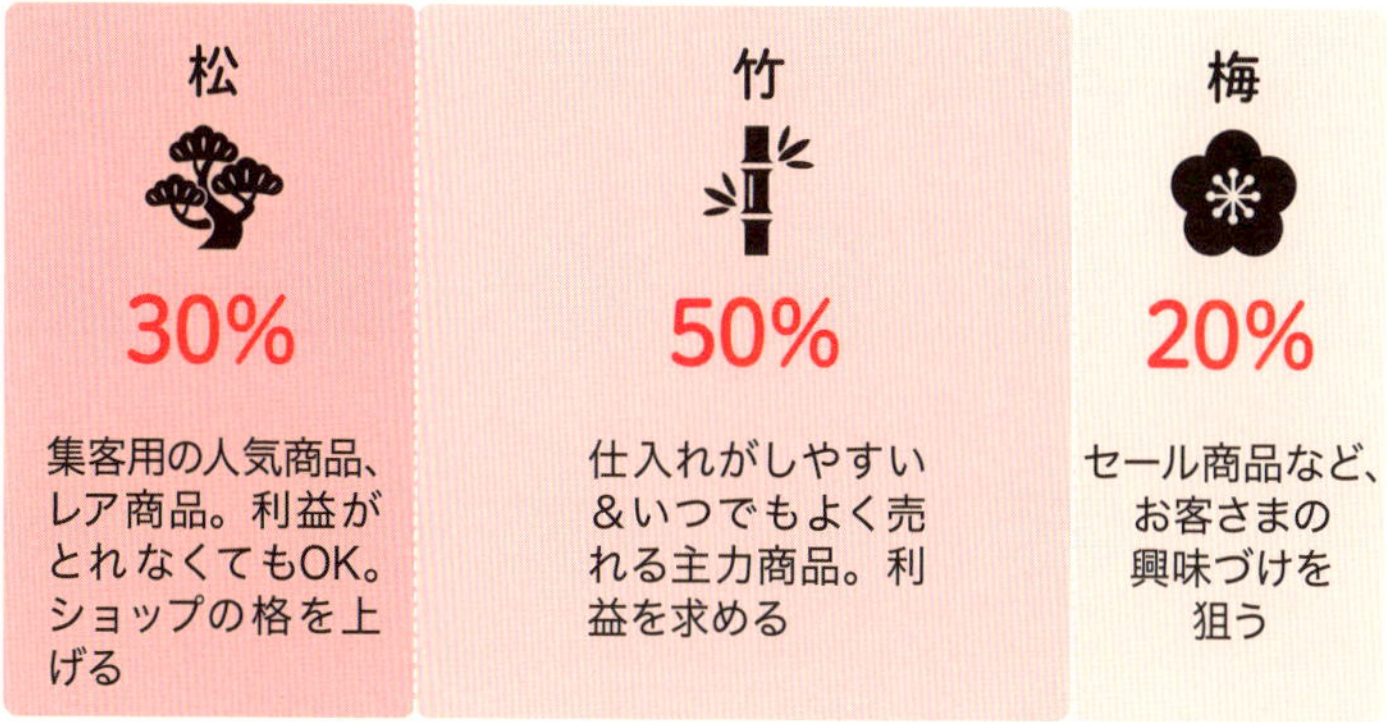

松	竹	梅
30%	**50%**	**20%**
集客用の人気商品、レア商品。利益がとれなくてもOK。ショップの格を上げる	仕入れがしやすい&いつでもよく売れる主力商品。利益を求める	セール商品など、お客さまの興味づけを狙う

り、これを行動経済学では「松竹梅の法則」または「極端の回避性」と呼びます。

高い値段のモノばかり置いていると、値段が安いモノを探している多数のお客さまは何も買えずにショップから出ていきます。これとは逆に安いモノを探していたけれど、高いモノの魅力に気づいて衝動買いをする人もいます。

高いモノしかないとターゲットから少し外れたお客さまを取りこぼすことになり商品の回転率が下がります。これを防ぐため、たとえばあなたが100個の商品を出品しているのであれば、30個を高価格帯（松）、50個を中価格帯（竹）、20個を低価格帯（梅）というようにおおまかな価格帯の層をつくります。

ただし、価格帯を分けるにしても先ほど

述べたようにショップのだいたいの相場はつくっておいてください。たとえば3万円の商品をメインの竹として扱っているのであれば、1000円や2000円の商品を並べることはショップのブランディングを下げるのでやめて、安くても1万円ほどに設定するようにしましょう。

「松竹梅の法則」の効果がもっとも高くなるのは、松と竹の値段が離れていて竹と梅の値段の差がわずかなときです。自分のショップの商品に当てはめて価格設定の参考にしてください。

最初は利益よりも回転重視で慣れと信頼を得る

価格についてもう1つ大事なのが、**最初から儲けようとすると失敗する**ということです。つまり、最初は利益があまり出ない価格で、メルカリの相場より安い価格でどんどん売っていくことをめざします。あなたのショップにレアな商品がいくつも並んでいるなどといった状況でもない限り、お客さまはショップを開いたばかりでまだ評価や実績のないあなたから買う理由はありません。とくに、あまりメルカリに出品したことがない初心者の人であれば、利益よりもメルカリの出品作業に慣れることがまずは大切です。

また、この価格で仕入れたから、自分が利益を出すためにこのくらいの価格で売りたい、という**売る側の理由で価格設定する人がいますが、これでは売れません。**あなたがその商品をいくらで仕入れたかは、お客さまにはまったく関係がないからです。その商品がメルカリでいくらで売れているかを事前にリサーチしたうえで、「その価格で売れるのであれば」と納得して仕入れるのが、仕入れるときの正しい順番です。あくまでもビジネスはお客さまファーストです。仕入れはメルカリの相場から逆算して考えましょう。

お店をつくりたてのころに利益を追い回すことなく売っていれば、当然ライバルより価格を下げて売ることができます。お客さまからすると、実績がなくても相場よりあなたのショップが安いのであればあなたから買う理由になります。そうやって初心者のときは着実に販売実績を積んで、受取評価というお客さまからの信頼を得ていきます。そして徐々に値段を相場の価格、つまり利益が出せる価格に上げていきます。

さて、価格設定を考えるときにおすすめしたいツールがGoogleレンズです。Googleレンズは、スマホのカメラで写したモノを検索してくれる機能で、Google検索窓の隣のカメラアイコンをタップするとすぐに使えます。Googleレンズで商品を検索すると、メルカリでいくらで売れているのか、そのページも検索結果に現れます。Google検索と同じように使えて手軽で、すぐれた機能を備えているので、まだ使ったことがない人は価格設定を考えるときやリサーチするときに試してみることをおすすめします。

Googleレンズ

Googleの検索窓の横にあるカメラアイコンをタップするとGoogleレンズが起動する。調べたい商品をGoogleレンズにとらえて虫眼鏡アイコンをアップする。

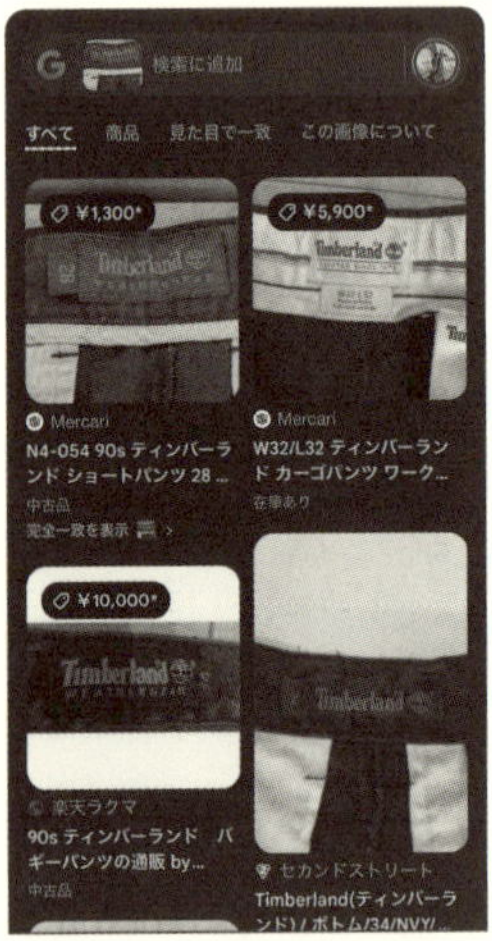

Googleレンズにとらえたものと類似している画像をネットから拾い上げてくれる。メルカリの商品ページも表示されるので、それをタップすればOK。メルカリで過去にいくらで売れているのか、あるいは売れていないのか。リサーチで使える。

はじめのうちは高い相場価格に合わせない

相場価格は、メルカリで価格設定をする際に参考にする価格で、あなたが出品しようとしているその商品はいまメルカリでだいたいいくらで売れているのか、というものです。どんなモノもメルカリ内の相場価格に合わせないと売れません。あなたの商品が人気商品なら、リサーチすれば同じ商品がずらっと出てきて値段もおおよそ同じくらいにまとまっているのでその価格を参考にすればよいですし、本やCDなどバーコードがあるモノはメルカリのシステムが、「この値段だとこの商品は売れやすいですよ」と、出品する際にサ

「ノースフェイス　ヌプシ　ダウンジャケット」で、「販売中のみ」「おすすめ順」で検索したところ。見た目はほぼ同じ商品が並んでいるが、価格は1～2.5万円と幅広い。ショップのにぎわい、商品の状態や生産された年代などをチェックし、それぞれの価格の根拠を類推して自分の商品の価格を考えていく。

ジェストしてくれたりもします。

相場価格を調べようとしても同じ商品がまるで出てこないときは強気の値段で出してみてください。マニア垂涎の珍重品の可能性があります。その値段ではアクセスもいいね！もついてこなければ少しずつ値段を下げてお客さまの反応を見ます。どこかの値段でお客さまの反応が変われば、それがその商品の相場というわけです。

もし同じ商品なのにバラバラの価格帯で売られていて、売れやすい値段＝相場価格がわかりにくいときは、**売約済みのなかで一番高いものではなく、だいたいでいいので平均値を参考にする**ようにしてください。ある商品が安い値段では3000円や4000円、最高値では9000円で売約済みになっているとして、もっとも高額で売れている9000円を基準にするのではなく、間をとって4000〜6000円にする、ということです。

なぜこのようにするのかというと、高い値段で売れているショップはすでに高い値段で売れる力があるからで、初心者の人がその値段だけ真似してもお客さまに見向きもされないことが多々あるからです。**「相場に合わせて売っているはずなのに売れないんです」と悩む人は、強い出品者の高い値段に合わせてしまっていることが非常に多い**です。

やったつもりや思い違いに陥らないために数字で現在地を把握する

売上などの数字をきちんと自分がわかる形で残すことはビジネスで成果を出すための基本中の基本です。数字には自分の感情が入り込む余地がありません。人は目の前の事実を自分の都合のいいように曲げることがありますが、数字を見ることができれば冷静に事実に対処できます。

たとえば、あなたのメルカリの売上が思うように上がっておらず、その一番の原因はサムネイル（1枚目に配置する写真）のクオリティが低く、お客さまに商品の魅力が伝わっていないことだとします。その商品のアクセス数という数字を見て、「サムネがよくないからタップされなくてアクセスが少ないのかな」と売れない原因を冷静に分析できればよいのですが、「全然売れない！　私にはやっぱり向いてなかったんだ。これ以上やってもどうせ無理、もうやめよう」と感情的になってあきらめてしまう人がとても多いのです。

売れない理由はそこではなくほかにあるのに、ネガティブな勘違いや思い込みに飲み込まれて挫折してしまうのはとてももったいないです。そうならないように数字を使ってください。メルカリでは商品へのアクセス数、いいね！の数です。そして毎月の売上、利益、利益率、出品数は、いつでもつかんでおいてください。月ごとのデータを把握することはとても有意義です。たとえばモチベーションが上がらない時期が来ても、あなたがメルカリの売上などの数字を管理していたら、「去年のいまごろはこのくらいの出品数でこのくらいの利益だったのが、今年は同じ出品数でも利益率が上がったからこんなに利益が伸びてる！　ちゃんと自分も成長してるんだなあ」と、積み重ねてきたことを客観的に理解できます。「セラーブック」など無料で使える売上管理アプリがたくさんあるので、数字で管理する癖をつけることは難しくありません。

自分の現在地がわかれば方向性を決めることができ、ズレていても自分で気づいて修正することができます。「自分はダメだ」と思いがちな人でも、毎月のデータをとっていれば自分が半年前と比べて着実に進歩していることが歴然とわかります。

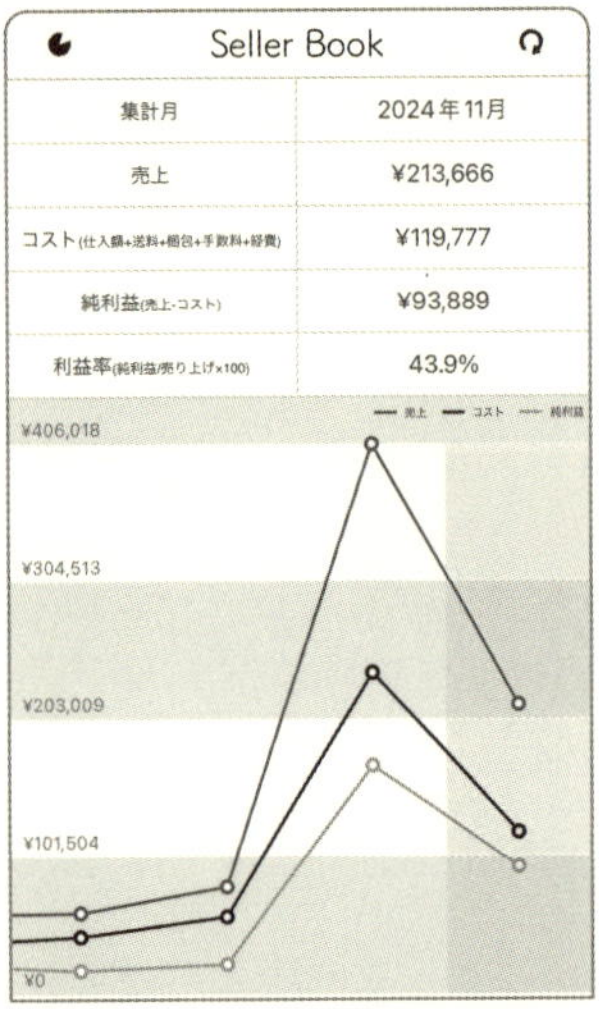

セラーブックは、「フリマアプリを使って販売する人のための売上管理アプリ」。毎月の売上管理を自動でしてくれるスグレモノ。数字で現在地を把握することを習慣づけるのに適している。

準備に時間をかけてはいけない

ここまで本業メルカリのゼロイチについて書いてきましたが、最後にやってはいけないことを挙げておきます。失敗を避けたいあまりに準備に時間をかけまくってしまう人がいます。**これはやめてください**。ラッキーなことに、あなたが心配している出来事はそうそう起きません。

人生で一番大事なのは時間です。お金はあとから稼げますが、過ぎ去った時間はどれだけお金を費やしても戻ってきません。完璧主義はビジネスの成功にとって最大の敵です。

そうはいっても失敗は怖いですよね。82ページで「失敗を歓迎する」と書いた僕も、失敗の怖さから100%自由になっていることはありません。どうしても一歩を踏み出せない、石橋を叩いて渡りたいときの対処法は、**すべての作業のクオリティを「これ以上下げられません」というところまで下げること**。そんな気持ちで取り組むくらいでちょうどいいです。

この本を読むのも「1ページ読めたらOK!」、むしろ「1行読めたらOK!」。リサーチも「トイレの3分でメルカリを眺めることができたらOK!」。出品するのも「商品タイトル『あ』、商品説明文『あ』、写真も何が写ってるかわからないヤツを1枚アップしたらOK！」。そのくらい低いクオリティから取り組んでみてください。

かつての僕は疑り深く、人のことを信用できない性格でした。ブラック企業で働いていたときは、インターネットを使って稼いでいる人がいるんだよという情報を目にしても、「は？　嘘つけ。全部詐欺に決まってんじゃん。稼げるなら何で人に教えるんだよ」と一蹴していました。ビジネスのことなんて何ひとつ知らなかったのに、そうやって勝手に思い込んでいたんです。

会社で働けなくなりどうしようもなくなって自分でビジネスを始めたときも、1つひとつのことを疑いながら進めていたので、アクセルとブレーキを同時に踏んでいるようで、すごく時間がかかりましたし精神的にもしんどい思いをしました。その経験から、「メルカリなんて突き詰めれば安く仕入れて高く売るだけなので、あれこれ悩まず石橋を目をつぶってダッシュで渡っちゃえば案外うまくいくことも多いですよ」と、あなたにお伝えしたいです。「ああなったらどうしよう」「こうなったらどうしよう」はおおかたの場合、杞憂です。あなたがやるだいたいのことは結局のところうまくいきます。

完璧にちゃんとやろうとしても失敗はします。最初はうまくいきません。それなら10％の完成度でいいから、どんどんやって新しい世界に慣れていくほうがずっといいです。

メルカリのルールを知り、守る

メルカリShopsの利用規約に目を通したことがありますか？ 意外と読んでいない人が多い印象ですが、自分がショップを構える場所のルールなので、読んだことがなければぜひチェックしてみてください。規約に違反している場合、出品が停止されたりアカウントが削除される可能性もあります。とくに**「販売禁止商品」**は大切です。自分が扱う商品が該当していないか確認してください。

また、**オークションサイトでよく見かける「ノークレーム、ノーリターン、ノーキャンセル」もメルカリではNGワード**となり、悪くすると出品できなくなります。ほかには有名人の写真をサムネイルなどにそのまま転載しているアカウントも見かけますが、これは著作権や肖像権違反になります。やってはいけないことです。

知らず知らずのうちにルールを破っていたということがないように利用規約はぜひ確認してください。15～20分くらいで目を通せる分量なので面倒ではありません。

「自分だけ得をしよう」とルールの抜け穴を探すような考えや、「グレーゾーンだからいいだろう」という過信や油断は禁物です。そんな人が増えてしまったらメルカリからお客さまが離れてしまいます。僕たちは、とてつもない集客力があるメルカリというプラットフォームを借りている立場です。お客さまを喜ばせ、メルカリに価値を与えることが自分の成功につながります。ルールを守って正々堂々とビジネスをしていきましょう。

ここまでで本業メルカリのゼロイチは終わりです。次の章からは、1から10をめざすステップについて解説します。

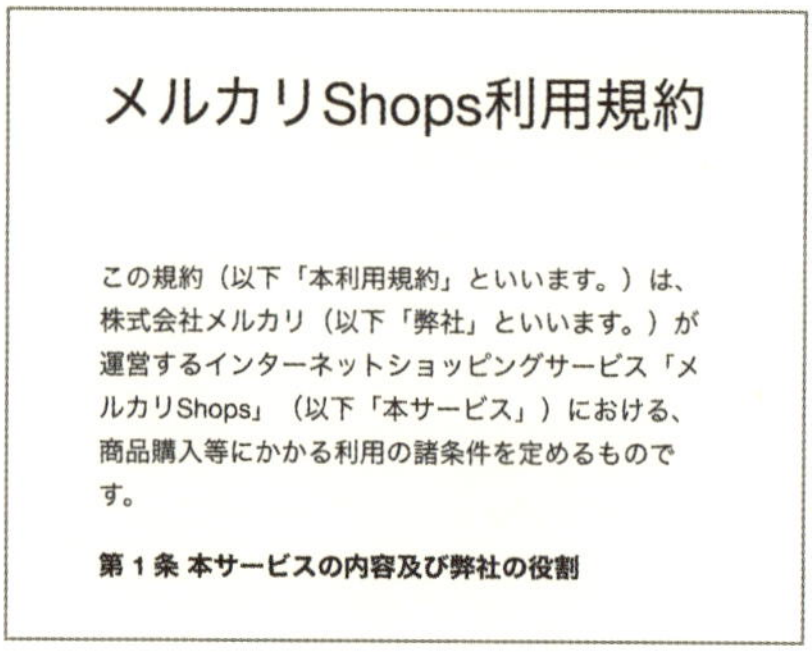
メルカリShops利用規約

この規約（以下「本利用規約」といいます。）は、株式会社メルカリ（以下「弊社」といいます。）が運営するインターネットショッピングサービス「メルカリShops」（以下「本サービス」）における、商品購入等にかかる利用の諸条件を定めるものです。

第１条 本サービスの内容及び弊社の役割

「メルカリShops利用規約」「販売禁止商品（メルカリShops)」のページは目を通しておきたい。ルール違反は悪くするとアカウント利用停止となる。

販売禁止商品の一例

- 車、オートバイ、原付
- 医薬品
- チケット
- クオカード、図書カード
- サービス・権利など実体がないもの

STEP 4

販売とお客さま

第4章

本業メルカリのマーケティング戦略

「お客さまファースト」は鉄則

「仕入れすぎてしまって在庫がたまっているからいますぐに売りたい」とか、「この値段で仕入れているから赤字にならないような値段で売りたい」とか、**そういった売る側の事情はお客さまにとってはどうでもいいこと**です。しかし、メルカリで売れないことに悩んでいるショップは、「すぐに儲けたい」「できるだけ楽をしたい」など、自分が得をすることばかり考えていることが多いです。それは見方を変えれば、商売の本質である「お客さま第一」「お客さまファースト」をきちんと守るだけでライバルとの差別化になり、売れるショップをつくることができるということです。

かくいう僕自身も、思うように売れなくて焦っていると視野が狭くなり、自分の利益になることばかり考えてしまうことがあります。お客さまのメリットを考える余裕がなくなって目の前の利益に飛びつき、お客さまのことを考えていないことが伝わってさらに売れなくなる……そんな悪循環にはまってしまうのです。

いったん自分の利益は置いておいて、お客さまが買い物をするときに、すべての工程で

お客さまファースト

お客さまにとってのメリットを考え抜く
自分のメリットは横に置く

- 商品説明文で、わかりにくいところがない
- 読みやすく、短くまとまっている
- 〝いい写真〟を載せている
- 販売者独自の神経質なマイルールがない
- ターゲティングが適切で、お客さまにとって見ているだけで心地いい商品が並んでいる

いかにストレスなく満足してもらえるか。またこのショップで買いたいなと思ってもらえるか。そのことだけを考え抜いてください。自分で考えるだけでなく、ぜひ自分のショップをまわりの人に見てもらって客観的なアドバイスをもらってください。**メルカリはお客さまの顔を見て直接話すことはできませんが、質問機能や購入後のお客さまとのやりとりがある以上、絶対にコミュニケーションを軽視することはできません。**

最終的には売っているモノではなく、そのモノをセレクトしているショップ、つまりあなたにファンがつくことで売上が大きくなりビジネスが安定します。お客さまが喜ぶことを常に考え、丁寧なやりとりを心がけましょう。

自分から働きかけてお客さまの声をいただく

自分の好きなことや知識のある分野でメルカリをやっていくなら、自分の好きなモノを売りたい気持ちと、お客さまがどんなモノを求めているのか、そのすり合わせを常にしていくことになります。このバランスを見誤るとまったく売れません。「この商品いいでしょ！　買ってください！」と独りよがりな押し売りにならないよう、注意深く、そして厳しく自分のアカウントを見る必要があります。ただの自己満足に陥らないように、お客さまの声を積極的に聞いて取り入れていきましょう。

たとえばあなたが好きで知識のあるエレキギターを扱っているとするなら、あえて好みが分かれるようなバラバラなデザインや、さまざまな種類のギターを並べてみてください。そのなかでとくに売れ筋のギターがあれば何度も同じモノを仕入れて出品していくのはもちろんですが、**売れた商品を引き渡す際にお客さまの声をいただくようにします**。なぜ購入したのか、ほかに出品しているどんなデザインの商品と迷ったか、値段は適切だったか……。

お客さまの声をいただくには購入後のメッセージでアンケート記入をお願いするのがとても効果的です。お客さまの生の声には、あなたのショップの方向性についてのヒントがたくさんあります。もちろんお客さまからするとアンケートを書くのは面倒ですから、アンケートを書くメリットの提示が必要です。以下、例を示します。

【アンケートのお願い】
今後もお客さまによりよいアイテムをご提供できるよう、ご購入者さまにアンケートをお願いしています。
下記アンケートにご回答いただき当店をフォローしていただくと、定期的にお得なクーポンが届きます。ぜひフォローしてください。

【アンケート】
①ご年齢、ご性別（例：30代前半　男性）
②当店、または当商品を選んでいただいた理由を教えてください。
③いまお探しのアイテムや扱ってほしいジャンルがあれば教えてください。
④普段参考にしている雑誌や有名人の方がいましたら教えてください。

アンケートは以上です。ご協力ありがとうございました。

お客さまの「解決したい課題」に寄り添う

お客さまが買うときに気にしていることの1つに、**「それを買うことで自分の課題が解決するか？」**ということがあります。たとえばカフェに行く人は、喉が渇いている・座りたい・仕事したい・1人になりたい・友だちとおしゃべりしたい・時間を持て余している・お腹が空いている・気分転換したいなど、たくさんの解決したい課題があります。カフェに行くことで課題が解決するとお客さまが判断するから、そのカフェに行くわけです。

僕たちは消費者でいるときには当たり前にそのような行動をとっています。しかし自分が売る立場になったとたん、それを忘れてしまう人が本当に多いです。自分のショップはお客さまのどんな課題を解決できるか、すぐに答えられるでしょうか？

僕は会社員をしていたころ、自分の時間がない・仕事にやりがいも希望も持てない・上司や同僚との人間関係にストレスを感じる・給料が安い・好きなことができない・満員電車に乗りたくない・早起きしたくない・休日に仕事の連絡をしたくないなど、まさに解決したい課題のオンパレード人生でした。

そんな僕だったので、メルカリで成果が出たとき、僕と同じような悩みを抱えている会社員の人たちの課題を解決したいと思いましたし、それができるのは会社員として苦しみ抜いた経験のある僕しかいない、と思ってメルカリでモノを売るコミュニティを立ち上げました。メルカリと出会っていなければどうなっていたかわからない僕だから、いまでも情熱とエネルギーを持って運営を続けることができています。

少し話がそれました。ここで大事なのはお客さまへの興味です。**お客さまの解決したい課題を、どれだけ自分ごととして寄り添って考えられるか。お客さまの課題を解決するために、自分が販売しているモノはどうお役に立てるのか？**

この問いにゴールはありません。ずっと考え続けていくことです。

感情的価値と機能的価値はどちらが大事か？

感情的価値とは人の感情や満足感に訴えかける価値で、機能的価値とはそのモノのスペックや機能などの実用的な価値です。メルカリでモノを売るとき、僕たちはどちらを重視すればよいでしょうか。結論からいうと、感情的価値です。

人はまず、感情で「ほしい！」と欲望を抱き、その気持ちを正当化するためにあとから理屈を使うといわれています。モノのスペックや機能だけでは人はそこまで強くほしいと思わないんですね。そもそもスペックだけを並べても退屈で読まれないですし、読んでもお客さまは「だから何ですか？」と思うだけです。

モノを買うとき、人は必ず感情を動かされています。アパレルを売っているのであれば「かわいい！　かっこいい！」、化粧品であれば「あの人みたいにきれいになりたい！」、アウトドア用品であれば「これを手に入れてあの山に行きたい！」――僕たちもメルカリのテキストや写真でお客さまの気持ちを揺さぶって、ワクワクさせることができれば売れていきます。

そのためには、あなたのショップの世界観にいかにお客さまを引き込むかが大事になってきます。あなたのプロフィール、どういう思いでショップをやっているのか、なぜそのモノを扱っているのか。そのモノがお客さまの人生にどういう影響を与えるのか。それらの情報をメルカリのプロフィール欄や商品ページで積極的に発信していきましょう。そしてそれに共感した人がファンになり、リピーターになってくれます。

あなたの世界観に共感しない人は、お客さまになってもらわなくてまったくかまいません。全員にファンになってもらうのは不可能で、全員にファンになってもらおうとすれば、あなたのショップの個性は薄まってしまいます。どうか八方美人にならないでください。みんなに好かれよう、みんなに売ろうと思った瞬間に誰からも売れなくなります。誰か1人でもいいんです。あなたのショップの熱烈なファンをつくるイメージで世界観をつくり込んでいきましょう。

何も知らないお客さまにほしくなってもらう

お客さまは何も知りません。だからダメとか悪いとかそういう意味ではなく、単に**あなたの売っているモノに関する知識があなたほどにはない**のです。僕たちは自分の知識があるモノを取り扱っていると、「自分が知っていることはお客さまも知っているでしょ」とついついみなしてしまいがちですが、お客さまは知りません。じつは売り手と買い手の間にはものすごい情報格差があります。

人は感情でモノを買う

1 感情を揺さぶられて欲望が刺激される

↓

2 ほしい気持ちを理屈で正当化する

まわりに、かわいい、かっこいい、きれい、すごいと思われたい、誰かと同じようになりたい、他人と差をつけたい

これはデートのマストアイテム
彼女いないけど
あなたの商品を買うとどうなるのか?
どんな世界に連れていってくれるのか?

そして、**人は情報に触れることでどんどんそのモノへの関心度が高まっていきます**。商品の情報に触れると、「自分には関係ないな（無関心）」→「へえ、それ知らなかった。面白そう、自分にもメリットありそう（好奇心）」→「ほしいな（欲望）」という流れで、そのモノがほしくなっていきます。

あなたも試しに自分が好きなモノを1つ取り上げて、どうやって好きになったのか振り返ってみてください。たしかに、と腑に落ちるでしょう。たとえば僕にとってはフルマラソンがそれに当たります。もともとは「走るのなんて疲れるし、やる意味あるの？ 体力なんてないし学生時代も体育の授業苦痛だったし自分には関係ない趣味だな」と思っていたのが、フルマラソンに何度も出たことがある友人に、「達成感がすごいですよ。終わったあとのビールが美味いし、大会はお祭りみたいで楽しいので一緒に走りましょうよ」と誘われ、「んー、じゃあちょっとやってみるか」と薄く興味が生まれ、「軽く練習がてら走ってみたら、たしかに気分爽快だし準備も楽だしお金もかからない。これはいい趣味かもしれない。フルマラソンにエントリーしてみるか」と、走る欲望が生まれていきました。

例に挙げた僕のように、無関心な層に言葉によって関心を持たせることができるようになるとあなたのマーケットは一気に広がります。**それをすでにほしがっている人（顕在顧客）より、情報を知ることで興味を持つ層（潜在顧客）のほうがはるかに数が多い**からです。

たとえば筋トレに興味がない人に、その人が知らないであろう筋トレの意外な魅力を伝え、筋トレに関わるモノを売るとします。「筋トレをすると若返りホルモンが分泌されて、お肌がきれいになったり姿勢がよくなったり美容効果がすごいんですよ。異性にモテるようになりますよ」とか、「筋トレをやると集中力が高まったり前向きな気持ちになってストレスが激減します。だから仕事の生産性を上げたかったら筋トレいいですよ」というように、〝無知な〟相手が知らないであろう情報を教えます。

「筋トレの何がいいの?」「何からやればいいの?」と無関心だった人に、「え、それなら筋トレやりたい。まずは何からやればいいの?」「それにはこの商品がおすすめです」……こんなふうに興味を持ってもらえるテキストが書けるようになるとライバルが一気に減ります。

ここで気をつけてほしいのが、**お客さまがほしがっていない情報は書いてはいけない**ということ。自分が好きなモノだとついついいろんな情報を書きたくなりますが、お客さまの興味がない情報だと逆効果です。マニアックな知識をひけらかすだけの売れないショップになってしまいますので、さじ加減に気をつけてください。

お客さまは、よいモノが喉から手が出るほどほしいのです。人生に刺激を求めています。「頼むから誰かいいモノを教えてくれ! それ買うから!」と思っていますし、いらないものはいらないだけです。自信を持ってあなたの扱っているモノのよさを売り込んでください。

メルカリでは「販売」が最優先

メルカリは「仕入れ→出品→集客→販売→発送」という流れで回っています。仕入れたモノを売るときに、**集客と販売のどちらが大事かというと圧倒的に販売**です。販売力があり、お客さまがほしいと思ってくれたらアクセスが少なくても売れますが、お客さまがほしいと思わないモノにいくらテクニックを使って集客してもまったく売れないからです。販売力がないと、値下げしない限り売れない残念なショップになってしまいます。ターゲットとなるお客さまを決め、いいモノを仕入れ、適切にお客さまにモノの魅力を伝えることができたら、あとは集客するだけとなります。

集客は販売に比べたらかんたんです。魅力的な商品を、薄利多売戦略で売っていけば必ず人は集まります。そしてその集客装置＝客寄せ用のモノを入り口にしてお客さまにショップを回遊してもらい、利益がとれるように設定した商品を見てもらえばいいのです。

メルカリでは集客よりも販売

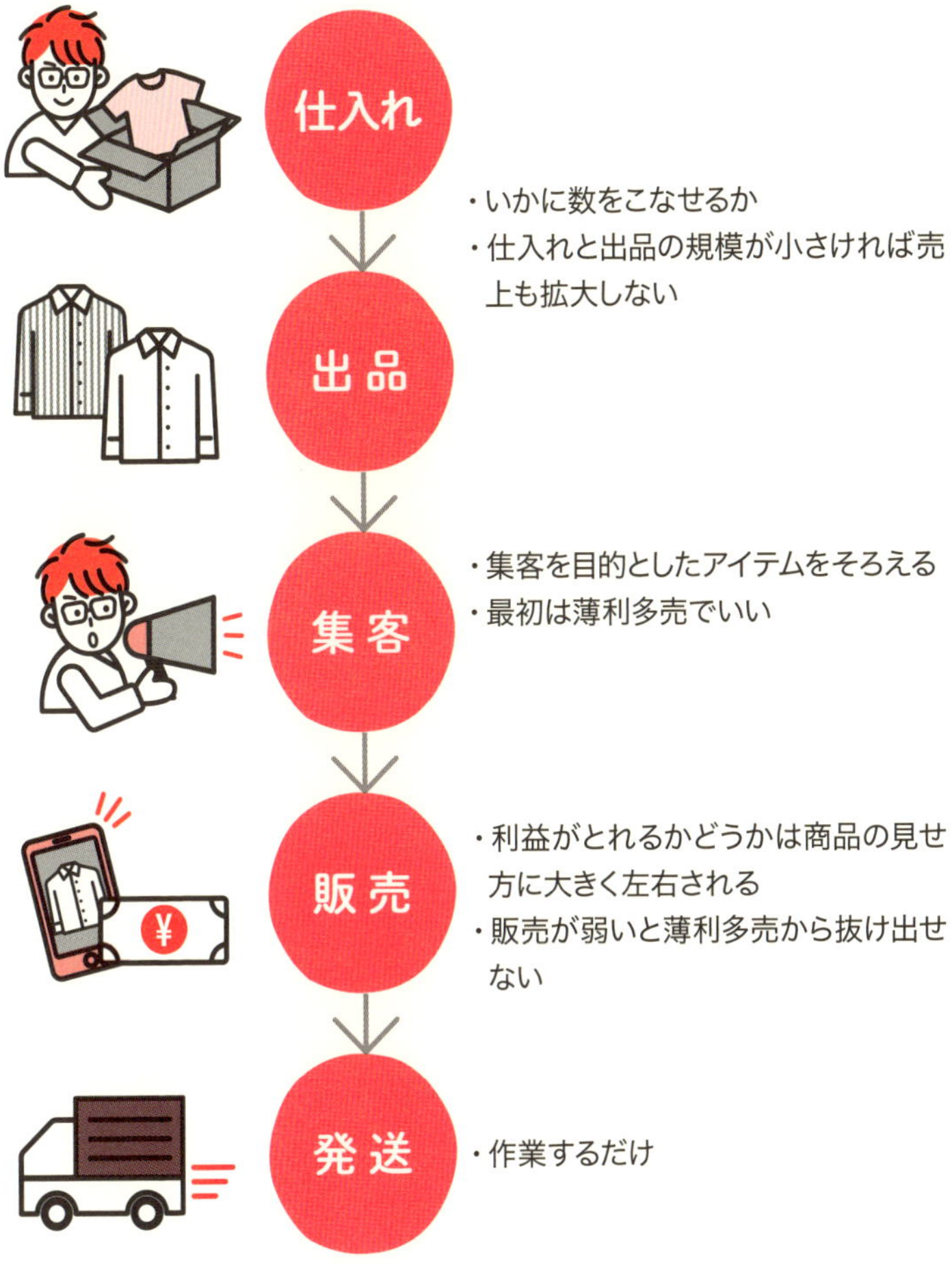
仕入れ
・いかに数をこなせるか
・仕入れと出品の規模が小さければ売上も拡大しない
出品
集客
・集客を目的としたアイテムをそろえる
・最初は薄利多売でいい
販売
・利益がとれるかどうかは商品の見せ方に大きく左右される
・販売が弱いと薄利多売から抜け出せない
発送
・作業するだけ

予防線を張らない 自分の商品に自信を持って堂々と売る

自分が売るモノの欠点をアピールすると売れません。そんなの当たり前と思うかもしれませんが、実際にはできていない人が多いのです。たとえばあなたが中古品を扱っているとして、商品に小さな傷や汚れがあるとします。**そのことを商品説明文や写真でデメリットとしてわざわざ強調する必要はありません**。

傷や汚れがあるのは中古品なら当たり前。「傷はあるけれどそれを補って余りあるこんなにいいところがこの商品にはあるんですよ」という打ち出し方で商品説明文を書いていきましょう。なぜなら、汚れがあっても気にしない人、自分できれいにする人、それがむしろ中古品の味だと楽しむ人もいるからです。

商品の欠点を強調する出品者の目的は、「こんな欠点があるじゃないか」と購入後のお客さまからのクレームを避けるための予防線張りです。しかし、**そうやって予防線を張ることで、結果的に大勢いるはずの見込み客を逃してしまいます**。失敗しないように前もって対策したつもりのテキストが、皮肉にも売れるものを売れなくしてしまう原因になってしまうのです。

これと似たケースに、商品説明文やメルカリのプロフィール欄で独自の〝マイルール〟

列挙があります。「プロフィールに必ず目を通して理解したうえで購入してください」「購入する意思のない方のいいね！は不要です」などなど。マイルールをたくさん並べている出品者は、「ややこしい人なのかな。最後まで安心して取引できるんだろうか？」とお客さまを不安にさせてしまい、これも売上が上がらない原因の1つになります。マイルールを並べることは、お客さまとのトラブルの原因にもなるのでやめましょう。

人間はどうしてもポジティブな情報よりもネガティブな情報のほうに引っぱられがちです。値段が相場より極端に安い場合も、「こんなに安いってことは何か理由があるんじゃないか？　壊れているとかだまされたりするんじゃないか？」とお客さまは疑心暗鬼になります。せっかく自分が売れると見込んで仕入れた商品です。悪い点ではなく、いい点を目いっぱい強調してください。ちょっとした欠点があっても、それをポジティブに言い換えられないか考えてみましょう。

希少性の価値の伝え方

中古品を扱う人は、一点モノであることを強調することも忘れないようにしてください。「商品との出会いは一期一会で、二度と同じ商品に出会うことはないかもしれない」をお客さまにアピールするのです。**人は「失う」ことを恐れます**。自分の判断ミスで、その商品を手に入れるチャンスを逃すかもしれないことは感情的な痛みを伴います。その痛みを刺激するのです。

希少性をアピールしようと単に、商品タイトルに「希少」とか「レア」とつけるだけでは効果がありません。たとえばアパレルであれば希少性を持つのはサイズ、ダメージ具合、生産された場所・工場、ブランドそのものが多いです。どんなジャンルのモノを扱っても、希少性をお客さまがパッとイメージできるよう商品説明文で伝えてください。「お客さまが頭を使わなくてもわかる」くらいに、短いテキストで具体的に伝えられていると理想的です。

いきなりそんなテキストを書けないという人は、あなたが扱う商品と同じジャンルの雑誌のテキストを研究してください。雑誌は有料のメディアです。ネットなどの無料媒体に比べ情報の信頼性やテキストの完成度はやはり高いです。プロのライターが練りに練った文章のエッセンスを吸収することで、自分でも次第に書けるようになっていきます。

なぜそのモノが希少性を持つようになったのか、それを伝えるストーリーも有効です。たとえばキャリアが何十年もあるその道のプロフェッショナルでさえ、そのアイテムを見かけたことはたったの数回しかないといった情報は、お客さまの興味を引きつけます。

また、昔は生産されていたけれど、いまでは生産されていないモノをあなたが売っているのであれば、時間がたてばたつほどそのモノの希少性は上がっていくため、投資的な魅力が生まれてくるかもしれません。

どんな分野であっても、いまからおよそ20年前に生産されていたモノの価値が見直され、再評価されている傾向があります。面白いことに、**その当時は当たり前に身近にあって見向きもされていなかったありふれたモノに対しても価値の再定義が行われている**ことがあります。たとえば、ユニクロやギャップといった〝当たり前すぎる〟ファストファッションのブランドでも、90年代以前のものには「オールドユニクロ」や「オールドギャップ」という名前で新たな価値が見出され、その当時にまだ生まれていなかったZ世代に支持されるといった現象が起こっています。

これらの商品は今後、市場からタマ数が減っていくことはあれ増えることはないので希少性はますます高まっていきます。希少性、物珍しさというのは、どんなジャンルにもあります。昨日まではありふれていて誰も気にしていなかったものが、ひょんなことをきっかけに突然注目されるのもよくあることです。自分が販売しているジャンルに将来価値が見出されそうなモノがないか、アンテナを張っていまから目をつけておきましょう。

集客で考える2通りのお客さまと商品の役割

集客はまず認知、つまりショップの存在をお客さまに知ってもらうことから始まります。そもそもブランドとしての人気がある商品をあなたのショップで扱うと集客できるのは、それはそのブランドがすでに認知されていて影響力があるからです。逆にノーブランドの商品や自分でつくったブランドで集客に困るのは、いうまでもなく認知度が低いからです。ですので、ショップを立ち上げたばかりのころや認知度が低いモノを売ろうとする場合は、すでに十分な人気があるブランドの商品を並行して扱っていきましょう。ブランドのパワーを借りるのです。

メルカリでの集客は基本的に、お客さまがどんなキーワードでアクセスしてくるのかをリサーチして、そのアクセスされるキーワードを盛り込むことがすべてです。事前にどれだけリサーチして、商品説明文にそのキーワードを盛り込めるかにかかっています。メルカリにおけるSEO対策は、商品タイトルと商品説明文にキーワードを入れることしかありません。そして、メルカリのほとんどのショップは無個性にタイトルにキーワードを羅列しているだけで、お客さまの印象に残っていません。タイトルには文字数の制限がありますから、商品説明文にキーワードを盛り込んで差別化を図っていきましょう。

商品タイトルは短いテキストで、ほかのショップが書いていることと違う、インパクトがあるものが理想です。そのためには、その商品をお客さまが見たときにどんな言葉に興味を持つのかを考え抜く必要があります。その商品の一番の売り、セールスポイントは何か？　ということです。タイトルにはそれを端的に書くことが求められます。

お客さまは、だらだら無目的に暇つぶしがてらメルカリを見ている人と、ほしいものが明確にありキーワード検索してくる人とで購入意欲が異なります。購入意欲が高いのはもちろん後者ですが、圧倒的多数なのは暇つぶしでメルカリを見ている人たちです。

暇つぶしでメルカリを見ている多数派の人たちに興味を持ってもらうためには、**タイムラインで目にとまるクオリティの高いサムネイルであること、セール価格として表示され、お得に買いたいお客さまにアピールできるタイムセール機能などのそのときに有効な施策を頻繁に行っていること、そして値段が適切であること**が条件です。リアルのお店でたとえると、冷やかしのお客さまに、店頭に置いてある集客用の安いモノをフックに店内に入ってもらい、「何かいいのないかな」とぐるぐる店を回って見てもらうイメージです。「店に入るまではあんまり興味なかったけど、あ、こんなのもあるんだ。これもかわいい」と見ていくうちにどんどん買う気にさせていきます。キーワード検索でショップにやってくるお客さまに売るのが一般的ですが、同時にそこはライバルが多いレッドオーシャンでもあります。暇つぶしにメルカリを見ている層にも興味づけできるようになるとチャンスが広がります。

メルカリにいるお客さま

1 メルカリを暇つぶしで眺めているお客さま

- サムネイルで引きつける
- タイムセールでアピール
- 価格を相場に合わせる

2 ほしいものがあってメルカリを検索しているお客さま

- 自分のショップで買うべき理由を提示する
- キーワードを漏らさず入れる

商品を「集客用」「利益用」に分ける

いつも心にとめておいてほしいことは、**商品が1つ売れた・売れないにこだわって一喜一憂するのではなく、常に全体の利益を見ておく**ことです。モノを売ろうとすれば商品によって黒字になったり赤字になったりしますが、1カ月たったときに全体を振り返って黒字だったらまずはOKです。当たり前に聞こえるかもしれませんが、実際には商品1つひとつの利益額に必要以上にこだわって消耗する人が後を絶ちません。一喜一憂すると精神的に安定しないので疲れてしまい、うまくいかないことが続いたときに挫折してしまいます。

すべての商品で利益を狙おうとするのではなく、**商品の役割を集客用の商品と利益を得る商品の2種類に分けてください**。

集客用の商品とは、たとえば珍しかったり価値が高かったりで確実に人気があるものの競合も出品できておらず探している人が多そうな商品のことです。そんな商品を見つけたらメルカリの相場と照らし合わせて利益が出そうにない仕入れ値であっても集客のために仕入れます。集客のために仕入れた商品は、それ単品では黒字にならなくてもまったく問題ありません。そのような集客用の商品は全体の1割もあれば十分に役割を果たせます。

この集客方法は、ノーブランドや知名度が低いブランドを扱っているショップ、オープンしたてで実績のないショップでとくに威力を発揮します。「すべての商品で利益をとらなくてもいい」と考えると気持ちが楽になりますし、仕入れのときに利益がとれない商品にも目が行き届くようになると、これまでよりも仕入れの幅が広がります。それがひいてはあなたのショップの世界観づくりに一役買ってくれることになるでしょう。

集客用の商品

- 珍しい
- 探している人が多い
- ライバルが出品できていない

↓

利益がとれなくてもOK。ショップに並べることに意味がある

広告塔になってくれる商品で、全体の1割で十分

「この販売者は見る目がある」とショップの格が上がる

自分の商品ジャンルだけしか見ないのは損

自分が扱う商品ジャンルのトレンドを常に追いかけておくことは当然として、できれば自分のビジネスとまったく関係がなさそうに見えるジャンルや、現時点で興味がないジャンルも食わず嫌いせずに見ておくことをおすすめします。

見ておくといってもたいしたことではありません。たとえば行ったことのない飲食店に足を運んで普段は注文しないメニューを頼み、それを注文するお客さまの気持ちを想像してみる。店内を見渡して、どんな人たちがその飲食店にいるのかを観察してみる。動画ストリーミングサービスで見たことのないドラマ、できればこんな機会でもない限り絶対に見ないようなジャンルのドラマを最初の10分だけ見てみる。しばらく会っていない友人に連絡をとって会ってみる。降りたことのない駅で降りてまわりを散策する。そんなささいなことです。

僕は月に15冊ほどのペースで本を読むのですが、そのほとんどはAmazonで購入しています。Amazonの便利なところは、購入履歴に従って僕が興味を持ちそうな本を自動的にピックアップしてくれるところ。しかしそれに頼りきっていると、僕の世界は僕の興味があることだけに限定されてしまいます。だからたまに街の書店をのぞいて、それまで縁がなかった分野の棚を眺め、目次を見て、本を買うということも意識してやっています。

これらの行動の目的は、**とにかく狭くなりやすく現状維持になりがちな自分の好奇心の幅を強制的に広げる**こと。そしてそれによって、まったく関連がないように見えていた点と点をつなげることです。そこから新しいビジネスのアイデアが芽吹くことがあります。

たとえば、僕が始めた古着販売のアイデアがそれに当たります。僕が古着販売を始めた２０１６年には、どこを探しても個人がネットで古着を売ることについての情報がなく、「一個人が古着をネットで売って稼ぐ」概念がまだ存在していませんでした。僕はAmazon物販をかじっていたことと自分自身が古着好きだったことから、「古着をネットで売るのってアリなんじゃないの?」ということに気がつき、点と点をつなげることでいち早く新しいアイデアを生み出すことができたのです。

新しいアイデアと偉そうにいっても既存のアイデアの組み合わせに過ぎません。ですから既存のアイデアや情報にアンテナを張り、どれだけストックしているかが重要です。ものすごい速さでテクノロジーが進化し時代が変わっている現代社会では、これまで自分がため込んできた知識だけで戦うことはますます難しくなります。未知の分野を学び、過去の経験を活かし、まだ誰も座っていない席を見つけましょう。

「強みなんて見つけられない」と思ったときは

あなたのショップ独自の強みや売りを見つけるのが難しいと思ったときにやってほしいことがあります。それは、**「なぜあなたは、それのファンになったのか？」を掘り下げていく**ことです。自分自身を掘り下げてみてください。

たとえば僕はAppleのファンです。iPhone、MacBook、iPad、AirPods、Apple Watchと一通りそろえていて、できる限り身の回りのガジェットをAppleでまとめたいと思っています。僕がなぜAppleを好きになったかというと、まずはコンセプトが統一されたかっこいいデザイン。そして使い方がとてもわかりやすくシンプルで、すべてのデバイスの連携がスムーズ。使いたいと思ったらすぐに使える立ち上がりの速さ。デバイスを構成しているパーツの環境問題に対する考え方。好きな理由はいろいろありますが、とにかくAppleがつくる世界観にほれ込んでいるのです。

僕はインターネットを使った仕事をしていながらテクノロジーに疎く、細かいスペックの違いはよくわかりません。もしかしたら機能だけでいえば他社の製品で固めたほうがよいのかもしれません。それでもAppleじゃないと、と思うのはAppleの世界観やコンセプトが僕にとってドンピシャだからです。

同じように僕が愛してやまないブランドにニューバランスやパタゴニア、ビルケンシュトックやブルックス ブラザーズなどがあります。いずれもアパレルを手がけているブランドです。それらのブランドの共通点を探していくと、いくつかのコンセプトが浮かび上がってきます。シンプルで普遍的、時代に左右されないデザイン、環境問題への高い意識、歴史の長さ、ずっと使える高い品質。僕はそれらを、自分のビジネスを外に発信するときのアイデアソースにさせてもらっています。

僕たちは自分でゼロからモノをつくるメーカーではありません。星の数ほど存在するさまざまなモノを、お客さまの需要を読み取って自分のセンスで選び抜き提供するバイヤーです。**もしショップの世界観づくりに迷ったときは、自分の好きなことをなぜ好きになったのか？　その原点に立ち返って思い出してみてください。**焦らずじっくり時間をかけて取り組むべきです。きっとあなたのショップ独自の売りが見つかるはずです。

STEP 5

実践

第5章

本業メルカリを実行する

ショップの世界観づくりの実例

プロフィール編1

ここでは実際のメルカリの画面を使いつつ解説していきます。メルカリでお小遣いレベルではない額を稼ぐためには、本当に微妙な細かいところにも目を配っていく必要があります。

「このくらいでいいや」と雑になったり、「どうせバレないでしょ」とお客さまをみくびると面白いくらい結果が出ません。お客さまには手抜きも努力もすべて見抜かれています。**決して嘘をつかないこと、お客さまを大切にすること**、それを前提に実践していきましょう。

第4章までは知識を中心に書きました。よくぞ、早く行動したい気持ちを抑えて、ここまで我慢強く読み進めてくれました。知識がないとスタート地点に立てませんが、いくら知識を蓄えたとしても、実際に手を動かさないことにはあなたの目標を達成することはできません。土台となる正しい知識があって実践することで、あなたのほしい未来に近づけます。ここから先は実った果実の収穫をめざす段階です。頑張った分だけ報われます。ワクワクしながら読んでください。

ショップの世界観を短いテキストで表現する

メルカリはコミュニケーションが重要な位置を占める、**コミュニケーションの場**です。**コミュニケーションで大事なことは、こちらからの自己開示**です。「私はこういう人間ですよ」「当ショップではこういうモノを売っています」「きっとあなた（お客さま）のほしいモノがありますよ」ということを先手をとって伝えることでお客さまの警戒心を解き、こちらに興味を持ってもらいます。

そのためにメルカリのプロフィール欄を使います。**メルカリのプロフィールはリアル店舗でいう看板であり、お店の外観**です。看板がないと、お客さまはあなたのショップがどういうモノを売っているのかわかりません。お店の外観がボロボロだったり汚れていたりと、気をつかっていない印象を与えるお店に積極的に入ってみたいとは思いませんよね。

しかし、ここで注意してほしいのは、お客さまは〝超〟がつくほどの面倒くさがり屋さんで、おまけにちゃんとプロフィールを読む気もないということです。あっちこっちに興味が散って、すぐにメルカリを閉じてどこかに行ってしまいます。

ではどうしたら、そんなお客さまにプロフィールを読んでもらえるのでしょうか。

答えは1つです。**プロフィールには「お客さまにとってのメリット」を「端的に」書いてください**。メリット以外のことは書いてはいけません。お客さまに関係がないこと、興味がないことをズラズラ書いても読まれませんし、それどころかうっとうしいと敬遠されます。これから紹介していくメルカリのプロフィールのテキストをセンテンスごとに細かく分析してみれば、徹底してお客さまが興味を持つことだけしか書かれていないことがわかると思います。細かく見ていきましょう（画面は155ページに掲載しています）。

お客さまに一番読まれる「冒頭」に書くテキスト

> 当店では「90sカジュアル」をテーマに、メンズやレディースを問わずトレンド感あふれるデザインの古着を取り揃えております。

まず、一番読まれるプロフィールの冒頭に、このショップはこういうお店で、こういう商品を売っています、ということを誰が読んでもわかるようにシンプルに、かつ長くならないように書いています。

売れない人がついやってしまいがちなのが、**親しみやすさを演出しようと顔文字を入れ**

ることです。「いろいろと出品していますので、ぜひぜひお気軽に見ていってくださいね v(^^)v」といったものですね。**顔文字や記号を入れることは逆効果**です。どんな商品を売るにしても素人くささが出てしまい、ショップの全体的なイメージを安っぽくしてしまいます。

「せっかくお金を出して買うんだから」

元古着屋販売員が現在のトレンドにマッチしたアイテムを厳選セレクトしておりますので、

「元古着屋販売員」というキーワードで**ショップのブランディングや信頼度を高めています**。「古着屋で販売員の経験があるってことは、私が知らないことを知っている目利きなんだ。わからないことがあったら教えてくれるだろう」とターゲットのお客さまは思います。

メルカリは誰にでも開かれたC2Cアプリですが、「どうせなら専門家やプロフェッショナルから安心して買いたい」がお客さまの心理です。お客さまに媚を売ったり、必要以上に下手に出たりするのはやめましょう。

もし「売っている商品について特別に詳しい知識なんてない」と思うのであれば、同じような商品を売っている同業者のリサーチをしてください。売れている同業者がどんなふうに自分のショップを表現し、ブランディングを高めているかをチェックしましょう。そのショップの言い回しで真似できるところはないかを考えてみてください。

お客さまは、「この人はすごい！」と思わない人に大事なお金を払いたくありません。あなたがお客さまの憧れの存在になり、尊敬のまなざしを向けられるならメルカリは絶対にうまくいきます。少なくともお客さまから下に見られることだけは避けなければいけません。

「あなたのショップは私に何をしてくれる？」

当店でご購入いただいたアイテムを着用すれば、すぐにでもトレンド感あふれるオシャレなコーデが完成します。
今の自分よりも「もっと個性的に」「もっとオシャレに」なりたい方は、ぜひともフォローよろしくお願いします！

「ウチで買えばあなたはこうなります」というストレートなメッセージはとても強力です。

3234 出品数　4482 フォロワー　28 フォロー中

★ 高評価　まとめ買い対応実績あり

をご覧いただきありがとうございます！

★★★★★★★★★★★★★★★★★★★★★★★★★★★★★

当店では「90sカジュアル」をテーマに、メンズやレディースを問わずトレンド感あふれるデザインの古着を取り揃えております。

元古着屋販売員が現在のトレンドにマッチしたアイテムを厳選セレクトしておりますので、当店でご購入いただいたアイテムを着用すれば、すぐにでもトレンド感あふれるオシャレなコーデが完成します。

今の自分よりも「もっと個性的に」「もっとオシャレに」なりたい方は、ぜひともフォローよろしくお願いします！

★★★★★★★★★★★★★★★★★★★★★★★★★★★★★

メルカリのプロフィールはショップの顔。「どんなモノを扱っているのか」「誰に向けて売っているのか」「販売者はどんな思いでこのショップをやっているのか」「このショップで買うとどんなメリットがあるのか」を、お客さま視点で簡潔に書く。

お客さまは品定めをしているとき、「はいはい、わかったわかった。それであなたは私にどんなメリットをくれんの？　何してくれんの？　どんなお得があるの？」と考えています。その、お客さまが知りたい情報を先回りして伝えてあげるのです。そこでお客さまの心を動かせたら売れていきます。なぜかというと、お客さまは自分のメリットにしか興味がないからです。

逆にいえば、お客さまのメリット以外の情報はすべて蛇足ということになります。このプロフィール欄のテキストは、これだけの情報量があるにもかかわらずたったの5行です。簡潔で、かつターゲットとなるお客さまのハートに突き刺さるテキストはどんなものか？　常に念頭に置いて磨き続けましょう。

ショップの世界観づくりの実例

プロフィール編2

もう1つ、別のショップを紹介します。扱う商品は同じ古着ですが、ターゲットが変わります。もちろん、あなたが扱うのは古着でなくてかまいません。**どんな商品でもお客さまが必要としている情報は同じ**です。

古着に限らずどんな商品でも、丁寧に徹底してお客さまへのメリットを伝えることで必ず売れます。慣れないうちはすごく時間がかかるかもしれませんが、あなたが売れるようになるために必要な時間です。手を抜かずにやっていきましょう。

「具体的に」書くことがお客さまへのサービス

「大人の古着スタイルを、パンツから仕上げる」をコンセプトにしており、だらしなく見えないトップスやアウターなども出品しております！

772 出品数　575 フォロワー　0 フォロー中

★ 高評価　24時間以内発送　12時間以内返信

"上品で遊び心ある大人の古着スタイルをベースにしております"

☑「大人の古着スタイルを、パンツから仕上げる」
をコンセプトにしており、だらしなく見えないトップスやアウターなども出品しております！

☑また、あなたのお気に入りのトップス、アウター、スニーカーや革靴を引き立てるボトムスをお探しの方にもオススメできるラインナップになっております。

☑厳選セレクト、できる限りの修復、洗浄(酸素系漂白剤&中性洗剤)できるものはなるべく行い、アイロンがけも丁寧に行なっております！

このショップも狙ったお客さまにピンポイントで刺さるようなテキストしか書かれていない。お客さまのことをリサーチし、そのお客さまがほしくてたまらなくなるような情報だけ書くことを心がける。

このショップも先ほどと同じく、当店はこういうお店です、という自己開示から始めています。このテキストを読んだ人は、「この店はパンツを扱う店なんだ。そして大人っぽいアイテムを並べてるんだ」と認識したあと、「それは自分には関係ないな」と離脱する人、「どんなモノが並んでいるんだろう？」と興味を持って店に入ってくる人の2通りに分かれます。**興味がないお客さまは回れ右をしてショップから離脱するような書き方をあえてしています**。あなたの商品に興味を持つ人だけに伝わればよいからです。

　よくないのは、「当店は古着屋です」というような抽象的な書き方です。このような書き方をすると、「どんなジャンルの古着屋なの？　私に関係あるかどうかわからないな」とストレスを感じ、ショップに入ってくる見込み客が減ってしまいます。こちらがどんなショップなのか具体的に書いていれば考えなくてもいいことを、お客さまに考えさせることを強いているからです。見込み客に伝わるように具体的に書くことは、お客さまへのサービス精神。売れるショップに必要な心がけです。

「大人の古着スタイル」「だらしなく見えない」という情報は、どんなメッセージを伝えたいのでしょうか。このショップが想定しているお客さまは、「どうしてもカジュアルスタイルになりがちな古着を、上品にスタイリッシュに着こなしたい」という思いがある人たち。そこで、「古着を着たいけど、カジュアルなデザインは年齢的に合わなくなってきた。古着だと全体がだらしなく見えないようにコーディネートするのが難しい」という見込み客の潜在的な悩みに先回りして、「ウチの古着なら大丈夫ですよ」と解答しているのです。お客さまは自分の悩みに先回りして答えてくれたことを見て、「この店は自分のことをわかってくれているな」と感じます。ショップに対する信頼が生まれるので、お客さまは安心して買うことができます。

ここで、「大人向け」＝「値段は安くないんだな」という情報も暗にお客さまに刷り込んでいます。「品質やデザインはどうでもいい。値段が安いモノしかほしくない」という人はウチのお客さまではありませんよ、というショップからのメッセージです。自店のスタンスを明確にして伝えることも、お客さまへのサービスとなります。

お客さまに嫌われる要素をつぶしていく

129ページに書いたとおり、人は感情で決定したことを理屈で正当化するといわれています。商品の画像を見た瞬間に「いいな、ほしいな」とまず感情的に反応し、そのあとにその商品を買う理由をあれこれつくり出すということです。

買うときはもちろん、買わなかったときも人はそうやって意思決定をしています。つまり、感情で少しでも「嫌だな」「このお店、何となく嫌いだな」とお客さまに思われてしまったら最後、売れなくなってしまいます。あなたももしかしたら、リアルのお店で店員さんの接客態度が気に入らず、「商品はいいのに……」と、何も買わずに残念な気持ちで立ち去った経験があるかもしれません。

来店するお客さま全員に好かれるのは不可能でも、嫌われないように注意を払ってショップづくりをすることはできます。神経質っぽいととられかねないマイルールを削除したり、商品説明の言い回しを変えたり、お客さまがすぐに理解できるような文章の構成にしたりと、できることはたくさんあるはずです。

好かれるためにメリットを書いていくことも大事ですが、お客さまに嫌われてそっぽを向かれないようにすることも同じくらい重要なことです。

お客さまの「感情」に共感し丁寧に寄り添う

話を157ページの画面に戻します。

また、あなたのお気に入りのトップス、アウター、スニーカーや革靴を引き立てるボトムスをお探しの方にもオススメできるラインナップになっております。

このテキストで伝えたいメッセージは、見込み客が持っているアイテムと合わせやすいボトムスを当店ではそろえているということです。ボトムスはネットで買う場合、上着よりも着用時のイメージを想像することが難しいため、この一言を入れるだけでお客さまの不安は減ります。

厳選セレクト、できる限りの修復、洗浄（酸素系漂白剤&中性洗剤）できるものはなるべく行い、アイロンがけも丁寧に行なっております！

新品の服を買う機会が多く古着を買うことに慣れていないお客さまや、久しぶりに古着を買いたいけれど古着独特の臭いが苦手というお客さま、あるいは古着って汚いんでしょ？　という先入観があるお客さまに向けて清潔さをアピールしています。古着を売るショップは、面倒くさがって検品やクリーニングを徹底していないところも多いです。ライバルのことをリサーチしたうえで差別化を図っています。

売れているショップのプロフィール欄を細かく見ていくと、**お客さまがメルカリで買い物をするときに「どんな気持ちになるのか？」「どんな感情になるのか？」を下調べしたうえで丁寧に寄り添った文章を書いている**のがわかると思います。このように売れているショップをベンチマークし、徹底的に研究してください。自分のショップに何が欠けているのか、彼我の差を埋めることで売れるショップに近づくことができます。

買い物をするときのお客さまの感情はとても繊細で変わりやすいものです。僕たちが頑張ってたくさんのメリットを並べ、ほしくなる要素を一生懸命積み上げても、何か1つ気に入らないことや不安に感じることを見つけたとたんに買う気が失せてしまいます。逆にいえば、お客さまの気持ちを理解し、共感し、親身になることができれば安心して買うことができるのです。

お客さまはこのプロフィール欄を読んでどんな気持ちになるか？　を常に想像しながら文章を書いていきましょう。

ショップの世界観づくりの実例

商品説明文編

商品説明文の考え方も、基本的にはプロフィールと同じです。お客さまにとってのメリットを、目につきやすい上から順番に書いていきましょう。その前提としてお客さまのリサーチを完了しておいてください。「お客さまのことでわからないことはない」というところまでいっているのが理想です。もしここでターゲット設定があやふやだったり、ターゲットがどんな人なのかわからないのであれば再度リサーチを行いましょう。

さて、商品説明文を読むお客さまは、商品がずらっと並んだタイムラインのなかからあなたの商品のサムネイルに引かれ、「あ、なんかこれよさそう。どれどれ?」と、少し興味が湧いてショップに来てくれた人です。そのほかの写真も見て、商品説明文を読んで、ほしいという感情が動かされてきたら、あなたが商品説明文で書いているとおりに買うための理屈を自分で強化していきます。

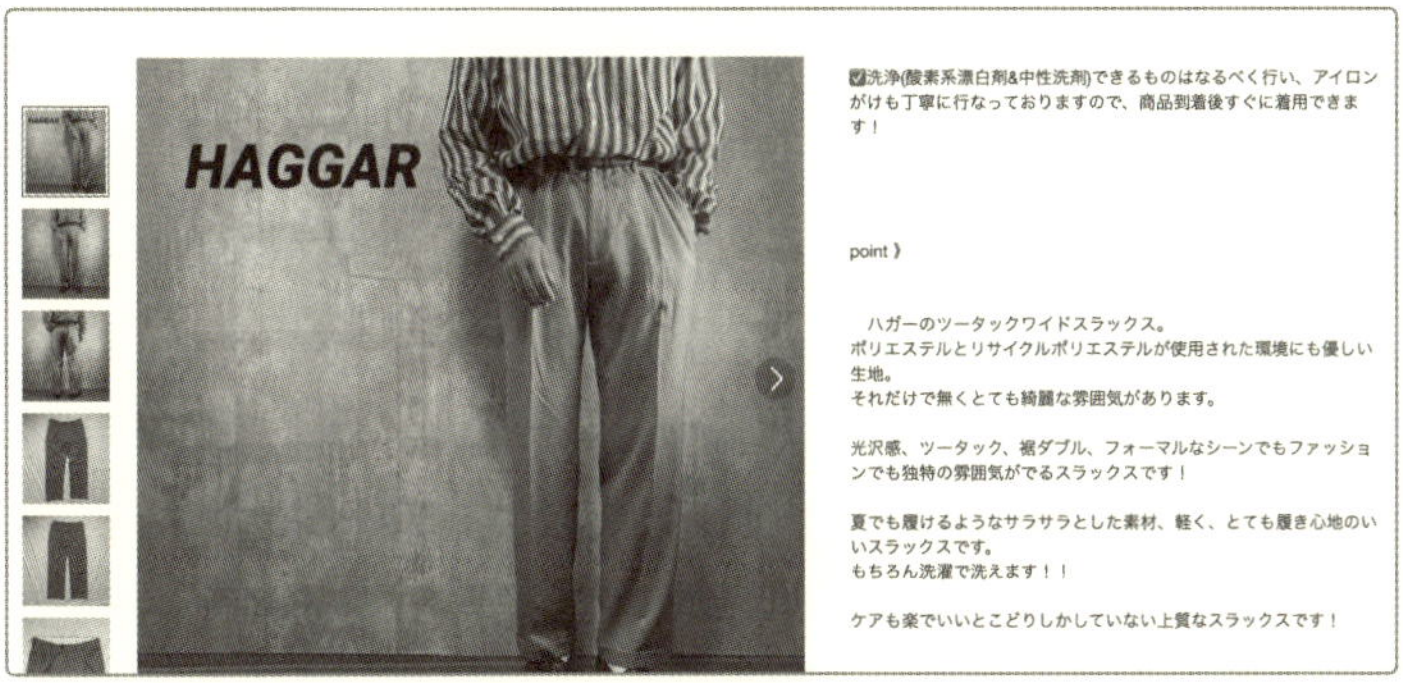

写真を見て「いいな」と興味を持ったお客さまの感情を、商品説明文によって「買うしかない」ところまで動かす。そのためには、自信を持って商品のメリットをこれでもかとおすすめすることが大切。「これはあなたにとって必要な商品です!」と断言し、迷っているお客さまの背中を押してあげること。

ハガーのツータックワイドスラックス。

ポリエステルとリサイクルポリエステルが使用された環境にも優しい生地。

それだけで無くとても綺麗な雰囲気があります。

光沢感、ツータック、裾ダブル、フォーマルなシーンでもファッションでも独特の雰囲気がでるスラックスです！


ハガーはブランドの名前で、ツータックワイドスラックスはパンツのジャンルです。このショップでは大人の男性をターゲットに、古着なのに上品に着こなすことができるスラックスやデニムを扱っています。

ハガーは知る人ぞ知るブランドで、ツータックや裾ダブルなどファッションの専門用語が説明もなく書かれていますが、これは「あなたほどのオシャレな人であれば書いていることは全部わかるよね」と暗黙のうちに伝えるテクニックです。「このショップはファッション初心者向けのお店ではありませんよ」「オシャレがわかる人がお客さまですよ」ということを暗にいっているのです。それにより**商品単価も相場以上の価格に上げることができます**。

そしてそれに続く商品説明文で一番の売りをアピールしています。「フォーマルなシーンでもファッションでも独特の雰囲気がでる」は、人と被らない服を着たい、ほかにないものがほしいと思っているターゲットに刺さります。

> 夏でも履けるようなサラサラとした素材、軽く、とても履き心地のいいスラックスです。
> もちろん洗濯で洗えます！
> ケアも楽でいいとこどりしかしていない上質なスラックスです！

サムネイルでは素材の手触りや厚さまでは伝わりません。そこで、服を買うのは試着してからが当たり前だった世代のお客さまのために季節感を伝えています。この書き方だったら、「夏には短パンしか履いてないような人でも履けるんだ」とお客さまに伝わります。

また、その商品の品質がよくなればよくなるほど、洗濯は家でできるのかクリーニングに出さないといけないのか、なども気になってきます。このスラックスは家で洗濯できると明記されているので、**その不安も先回りで解消されていて、お客さまはストレスなく買い物ができます**。

わからないことがあったら質問すればいいじゃないかと考える人もいるかもしれませんが、**お客さまはその一手間を嫌がります**。質問するのが面倒なので、無言のままスッとショップから出ていってしまうのです。

もう1つ、別の例を見てみましょう。

> Rby 45R のジャケットです。
> 柔らかさのあるダック生地にブランドらしいインディゴ染め、洗い加工を施し風合い豊かに仕上げた一着。
> ワークテイストなデザインで、ユーロヴィンテージな雰囲気もありつつ、日本らしさもあるデザイン。

ゆったりとしたナチュラルな雰囲気を演出してくれます。
大きなパッチポケットが特徴です。
内側にも大きなポケットが4つも付き機能面も抜群。
通年着用でき、着込む程に愛着が増すオススメジャケットです。

Made in Japan
定価：85,000円程

このテキストでは、ジャケットの生地やデザインの説明をしています。ファッション好きにしか書けなさそうな専門的なことをいろいろと書いていますが、これは別に難しいことではなくネットで検索すれば出てくる情報です。ブランド名で検索しオフィシャルのホームページが出てくれば、ブランドのコンセプトや商品への思いが掲載されていることが多いので参考にできます。ほかにも、商品を紹介しているYouTuberやインスタグラマーなどのインフルエンサー、業界の雑誌、ネットメディアなど商品説明文のヒントになる情報は探せばたくさん出てきます。もちろん服に限らずどんな商品を扱っていてもやり方は同じです。

商品説明文には商品のメリットを書くことのほかに、セールなどのお得情報の告知やキーワードを入れることによる集客などの役割もある。ついつい説明文を使い回したくなるが、お客さまに手抜き感が伝わると売れない。

最後に、地味ですが**生産国と新品の定価情報を書くことも効果的**です。扱っている商品にもよりますが、総じてメイドインジャパン・USA・ヨーロッパは人気があることが多いです。そしてあなたが中古品を扱っているのであれば、新品との価格差を強調することも購入の後押しになります。「新品は高いけど、中古だとこれだけ安いなら」と衝動買いする人はとても多いです。リサーチして定価がわかった商品は積極的にアピールしていきましょう。

商品説明文の要素

プロフィール欄と商品説明文について説明しました。一見して当たり前と思えることでも、できていない人が圧倒的に多いのが現実です。**メルカリでは当たり前のことを1つずつ確実に丁寧にやるだけで大きな差をつけられます**。169ページに、どんな商品を売るときでも参考になる商品説明文に必須の要素をまとめました。

「商品の状態」について補足します。ボロボロですでに壊れているのであればもちろんそれを伝える必要がありますが、軽微な損傷などをわざわざ強調する必要はありません。お客さまからのクレームを恐れるあまりデメリットを連ねてしまうと売れるものも売れなくなってしまいます。第4章にも書いたとおり、「この商品はたしかにここに少し傷がありますが、それを補って余りあるこんないいところがありますよ」とメリットを伝えてあげてください。納得してくれたお客さまが購入してくれたらクレームにはなりません。もちろん状態が悪いことを隠したりごまかすことはしてはいけませんが、「デメリットの強調」になっていないか気をつけるようにしてください。

商品説明文の必須要素

商品の正式名称、ジャンル	別の呼称や言い方があれば漏らさず書く
商品の情報	集客のためのキーワード、その商品のお客さまにとっての感情的価値を書く 写真ではわからない情報を補足する
サイズ	たとえば洋服であればタグの表記サイズと実寸、家具であれば縦・横・高さ・奥行き・重さを載せる お客さまの立場で必要な情報を考える
素 材	たとえば木材であればどういう種類の木材か、その木材は使用時にどういうメリットがあるのか、まで調べて書く
商品の状態	状態が悪くても悪いことを強調するのではなくポジティブに言い換える
新品の定価	新品の定価がわかる商品であれば調べて書く 新品のタグが残っていれば、その写真を載せる

当たり前のことをきっちりできるショップになろう

第5章をここまで読んでみていかがでしょうか？「何だよ、普通のことしか書いてないじゃん。こんなことだったらもうできてるよ」と思ったあなた、素晴らしいですね！そして普通のことしか書いていなくてごめんなさい。でも、この1つひとつのことを徹底できていない人がほとんどなのです。すでにできているあなたは、売れなくて困ることもないと思うのでそのまま売りまくってください。

もし知っているのに思うように結果が出ていないのであれば、知ってはいるけど現実化できていない可能性が高いです。ではその実現できていない部分はどこなのか、あらためて振り返って考えてみることは有益だと思います。

そして、第5章を読んで「難しいなー、自分にできるかな。ちょっとレベルが高いかも、いちいち細かいな」と思ったあなた。僕がこの本を書いた価値があったというものです。あなたのために書きました。前提となる考え方は、大事なことなので何度もしつこくて申し訳ないですが、**お客さまファーストの精神**です。お客さまのために、どうしたら改善できるだろう？　その気持ちが根底にあれば、そんなに難しいことはありません。素直に実行すれば売れる商品ページは自然にできあがっていきます。

それでは、ちょっとここで本を読む手を止めて、メルカリのタイムラインを上から適当に見てください。たったいま、この瞬間に、です。はい、どうぞ！

……見ましたか？　僕がこの章であぁしよう、こうしようと書いたことまで丁寧にプロフィールや商品説明文、そしてショップ全体の世界観をつくり込んでいるアカウントをどれくらい見つけられましたか？

そうなのです。**「お小遣いが稼げたらいいや」というアカウントと、「メルカリでご飯を食べていくぞ」というアカウントでは勝負にならないくらい差がある**のです。仮に同じ商品を扱っていたとしてもライバルとは呼べないかもしれません。そこに気づけたあなたは、すでにまわりよりレベルが上がっています。「自分が扱っているジャンルのお客さまをみんな自分のショップのファンにするぞ」くらいの強い気持ちで進めていきましょう。

理想の未来を描いている商品をリサーチしてモデリングしよう

「ウチで買えばあなたはこうなります」というメッセージはシンプルで強力です、と154ページで書きましたが、自分が扱っているモノをどう表現したらいいか困ったときは、身の回りにある広告や宣伝に目を向けてください。テレビCM、YouTube広告、ポスティングされたチラシ、何でもけっこうです。そして、あなたが実際にほしくなった＝心が動いた広告をじっくり見て読んで研究してください。

たとえば、あなたが電車に乗っているときにビールの車内広告を見てむらむら飲みたくなったのであれば、なぜビールを飲みたくなったのかを自分の心に聞いてみるのです。二枚目俳優のビールを飲んだあとの爽快な笑顔を見たからなのか、ビールそのものを見てなのか、ビールの美味しさを表現するコピーが目に入ったからなのか。そもそも、その広告ではどんなふうにビールの素晴らしさを表現しているのか。

何がいいたいかというと、**僕たちが何かをほしいと思うのは画像（写真や映像）または言葉から情報を取り入れた結果、欲望が刺激されるから**、ということ。B2C商品を扱う大企業が目がくらむほどの広告費をかけるのはそういうことです。僕たちでいえば、お客さまの欲望を刺激するようにプロフィール欄や商品説明文、そしてサムネイルの質を高めること。あなたが売るモノのメリットが最大限に伝わるようにどう表現するか。企業が多額の資金を投入してつくった広告を見て研究することは有益で、めちゃめちゃ力がつきます。おまけにいくら研究してもタダです。あなたが扱っている分野だけではなく、いろいろな業界の広告を見てみることをおすすめします。

なし崩し的な値下げの前に「欲望の刺激」に頭を使う

抽象的な文章を読んでも、お客さまはその商品をイメージすることができません。そしてイメージできなければ欲望が刺激されないので、あなたのショップから買いたいという気持ちが生まれません。

たとえば「当店では服を売っています」というテキストを読んだお客さまはどう思うでしょうか？　何も思いません。少なくともテンションが上がることはないでしょう。どんな服が売られているのかわからないと、自分に関係があるのかないのかわからないため欲望が刺激されず、気持ちは動きません。お客さまにあなたのショップの商品をほしがってもらうためには、とにかく具体的にメリットを書く必要があります。

漠然とした情報しかプロフィールや商品説明文に書かれていない場合、お客さまの頭のなかにあるのは、お客さまそれぞれのぼんやりしたイメージです。このぼんやりしたイメージを、あなたの商品ラインナップに合わせてくっきりイメージできるように書いていくのです。

できる限り商品の特徴を具体的に書くことで、お客さまそれぞれのイメージにズレがなくなっていきます。「こういうものを売ってるのね」とお客さまが理解します。**そこでは**

じめて、あなたのショップの商品を真剣に見るかどうかを検討し始めます。

売れないからとすぐにあきらめてしまって、それなら安かったら売れるでしょ、と利益が出ない価格までどんどん値段を下げていく人がいます。高く売るための努力を放棄しているといわざるを得ません。たとえばあなたが家賃を払い、人を雇い、材料を仕入れてラーメン屋さんを営んでいるとして、売れないからといってかんたんに、利益が出ないような価格までラーメンの値段を下げるでしょうか？　そんなことはできないはずです。安易な値下げは、家賃も人件費も払えなくして商売を行き詰まらせます。

値下げをするにしても、**「いくらまでなら値下げをよしとするか」という線引きを自分のなかに持ちましょう**。この基準がないと、商品を売る・売らないことの主導権を自分ではなくお客さまに明け渡すことになってしまいます。売るか売らないかをその都度迷うことによって生じる精神的なストレスや時間のロスを減らすためにも、あらかじめ値下げのデッドラインを決めておいてください。

メルカリは家賃も人件費もかからず、思い立ったその日にショップを始められるのがいいところでもあり、じつは悪いところでもあります。ビジネスをやる覚悟がなくても始められ、やめるのもかんたんだからです。僕たちは利益を上げるためにビジネスをやっています。値引きをするときは必ず目的を持ってやりましょう。

「損切り」はメルカリでも有効な考え方

あなたがメルカリで自分の好きなモノを売るのであれば、1つひとつの商品に思い入れがあって当然です。しかし、それに執着しすぎないことも同時に大切になってきます。僕たちがメルカリをやる目的は、あくまでも収入のため。割り切ることが必要な場面もあります。それぞれの商品にこだわりすぎず、全体で利益がとれればいい。そのために、仕入れで失敗したモノがあれば損切りをしてください。

損切りはもともと投資で使われる用語で、投資家が損失を抱えている資産を売却して損失額を確定させることです。この考え方はメルカリにもそのまま応用できます。商品説明文を見直したり写真を撮り直したり、いろいろと工夫したけれどどうしても売れない商品があるなら赤字でいいので売りましょう。

損切りの目的は執着を手放すこと。**いい意味であきらめること**です。1つのモノに執着すると視野が狭くなります。ほかの商品を出品するスピードも落ちます。

では具体的にどう損切りすればいいのか。**損切りするには、自分のなかで「何カ月で売り切れなかったら見切りをつける」とあらかじめ期限を決めて出品する**ことです。決めた期限を超えたものは機械的に売り切ること、感情を挟まないことが肝要です。「この商品は赤字で売っている」ことを商品タイトルや商品説明文で伝えると、セール感が出るのでお客さまは喜びます。定期的に売り尽くしセールをやっているお店ってありますよね。ある期間しか売れない季節商品であれば期間内に売れ残った商品はすべて不良在庫になってしまいます。セール目当てのお客さまの来店で一時的に集客もブーストがかかります。ただし、「あの店、いつも在庫一掃セールばっかりやってる」というイメージを持たれてしまうと通常価格で売れなくなってしまうので、年に1回、多くても2回など調整するようにしてください。

ビジネスでやっているのに赤字で売るとなったら痛みを伴いますが、**「これは自分のショップでは売れないモノなんだ」というデータを手に入れることができたと考えてみてください**。売れないというそのデータが、次の仕入れのときに役に立ちます。「自分のターゲットには売れると思ったのに売れなかったということは自分のリサーチのやり方が間違っているんだろうか？　何がズレているんだろうか？」と軌道修正するきっかけになります。

仕入れに失敗すること、損切りしなければならないモノが出てくることはビジネスを拡大するうえで避けて通れません。失敗を恐れて仕入れの幅を広げないことは短期的には損を避けられますが、長い目で見ると先細りになります。落ち込まず、引きずらず、執着せず、進みましょう。

アップデートし続けるメルカリに対応するために

メルカリは購入者のために常に仕様のアップデートをしています。メルカリプラットフォームという場所を使わせてもらっている僕たち販売者は、メルカリの仕様変更にいつでも実直に対応していくことが必要です。

メルカリの仕様の隙を突くようなテクニックを求め、追いかけている人も見かけますが、僕はおすすめしません。悪くするとアカウントをBANされるリスクがあります。どんな仕様変更があっても売上を上げ続けられるような、メルカリにもお客さまにも喜ばれ、長く愛されるショップづくりをめざしていきましょう。

シンプルすぎるメルカリの本質

メルカリは自社の売上を上げるため、つまりメルカリユーザーのために常に仕様のアップデートをしています。メルカリという会社の売上は、購入者が買いたくてたまらなくなるような素敵なショップがたくさんあれば必然的に上がります。お客さまが何度でも利用したくなるショップは、今後いかにメルカリの仕様が変わろうとも影響を受けずに済むはずです。

どんなときでも絶対売れる魔法のテクニックは残念ながらありませんが、大事なことはテクニックではなく本質。お客さまに長く愛されるショップをつくることができれば生き残っていくことができます。

そのためにチェックするポイントは次の4点です。**「あなたのショップのお客さまからの評価」「商品のアクセス数」「商品のいいね！の数」「商品の値段」**です。ショップの評価が高いこと、商品のいいね！の数がゼロでないこと、商品の値段が売れやすい相場価格に沿っていることを意識してください。

ショップの評価はとても重要です。低評価をもらってしまうとお客さまから敬遠されますし、規約違反など低評価の理由によっては利用停止になってしまうこともあります。アカウントを開設したてで評価が少ないうちは薄利多売を意識し、安さというメリットで信頼のなさを補っていきましょう。

商品のアクセス数は、サムネイルのクオリティを上げることと商品説明文のなかにキーワードをきちんと盛り込んでいくことが重要です。ではサムネイルと商品説明文のキーワードのどちらが大事かというと、サムネイルです。商品説明文を読まずに写真だけ見て衝動買いするお客さまはいますが、写真を見ずに買うお客さまはいません。ライバルと比べていいモノを仕入れて出品しているはずなのに思うようにアクセスが集まっていないときは、十中八九サムネイルがうまく撮れておらず、お客さまはタイムラインで目にしても買うかどうかを検討する気にもなっていません。商品の魅力がお客さまに伝わっていないことがアクセスがない原因です。

商品のいいね！は、いいね！の数が多い＝売れるということでは必ずしもありませんし、なかには「いいね！は不要です」という販売者も見かけますが、お客さまの立場では必要です。お客さまはいったんいいね！をつけてあとからじっくり検討しますから、いいね！が購入につながることは多いです。やはりタイムラインに上位表示されている商品はいいね！の数が多い傾向にあります。

一方で自分の商品にいいね！が数十個ついたのに売れないときもあります。可能性が高いのは、商品説明文に不明確な点がある、あるいは値段が高すぎてお客さまが購入に踏み切れないこと。あなたの商品をタイムラインで見つけ、サムネイルを見ていいなと思ってても、「これくらいなら出してもいいかな」というお客さまの想定以上の値段をつけてしまっていると、やはり検討するまでに至りません。商品の値段はリサーチしたうえで相場に合わせることです。いいね！がいくつもつく評価が高い商品でも相場からかけ離れた値段で売るのはやめましょう。

集客する キーワードの盛り込み方

メルカリでお客さまに確実に自分のショップを認知してもらうためには、商品ページにその商品に関連したキーワードを盛り込むことが必須です。いくら素晴らしい商品を売っていても適切なキーワードが書かれていなければ、お客さまはあなたが売っている商品を見つけることができません。キーワードで検索してくるお客さまは、だらだらと何となくメルカリを見ている人よりも購入意欲が高いのですから、しっかりキーワードを盛り込むことで買われる可能性が高まります。

しかし、**商品タイトルに、1つでも多くとキーワードを詰め込むことはおすすめしません。**メルカリの商品タイトルには文字数の制限があるため、限られたスペースのなかでキーワードばかり詰め込んでも、ほかのショップに右にならえで無個性になるだけです。

ではタイトルにはどんなキーワードを書けばいいのかというと、たとえば「アディダスレインコート　撥水　防水　ミドル丈」というようにブランド名や商品名、生産国などターゲットがあなたの販売している商品を買うときにとくに気にしているポイントを書くようにしましょう。それだけでOKです。

さまざまなキーワードを盛り込むのは商品説明文です。お客さまはいろいろなキーワー

キーワードで検索してくる人は、その商品をめざしてやってくる購入意欲が高いお客さま。そんなお客さまを1人でも多く集めるためにキーワードにはいろいろな言い回しを盛り込む。

ドで検索してきます。先ほどの例であれば、横文字の「adidas」で検索する人もいますし、「カッパ」「雨合羽」「雨具」「レインウェア」と、「レインコート」とは別のキーワードで探している人もいます。いろいろな人がいろいろなキーワードで検索しているので、それらを取りこぼさないように、ほかにどんな書き方があるのかということに注意を払って書きましょう。

　上の例では、アディダスというブランドとレインウェアに関連するキーワードを羅列して集客を狙っています。しかし、その商品に関係のないキーワードをスパム的に大量に羅列すると出品停止などのペナルティが科せられたり、検索結果から除外されることがあります。理想は、キーワードを商品説明文のなかに自然に盛り込むことです。その商品に興味があるお客さまだけを集めるようなキーワードを選び、**多くても10個未満を目安にするようにしましょう**。

脱初心者のためのおすすめは「出品数100」

メルカリを始めたばかりでもすぐに売上を上げたいなら、「資金を大量に投入して出品数でライバルを圧倒する」という方法があります。ショップの規模が大きければ大きいほどキーワードを使って集客できる入り口が増えるためやりやすくなりますし、それにともなって売上も伸びます。

しかし僕は、初心者の人には**「質がよく人気のあるモノをとりあえず100個出品することをめざしましょう」**と伝えています。まだモノを見る目がそれほどでない初心者のときに大量に仕入れても失敗してしまったり、経験を積んで後々別のモノを売りたくなったりすることがよくあるからです。そんなリスクを踏まえて、小さく始めて徐々に拡大していきましょうとアドバイスしています。

初心者を脱して次のステージに上がったら、あとは出品数を増やしていくだけです。売れるショップをつくれたのであれば、次は100個といわず、出品できる限りどんどん個数を増やしていってください。質がよく人気のあるモノが1000個あれば、質と量が両立できているわけですからもちろん強いです。ここが最終的なゴールです。このレベルに到達すれば、ショップのフォロワーだけを相手にしてビジネスが成り立ちます。

メルカリ的"いい写真"の3原則

僕たちはメルカリでお小遣いではないレベルの収入を得ようとしています。それなのに商品ページから素人くささや自信のなさが伝わってくるようでは売れません。あなたもお客さまの立場のときにはそうだと思いますが、同じような商品を売っているのであればお客さまは安心できるプロから買いたいのです。

メルカリでは写真のクオリティの差がそのまま売上の差になります。とくにこだわってほしいのが1枚目に配置する写真＝サムネイル。サムネイルで第一印象が決まるため、ここでお客さまに「いい

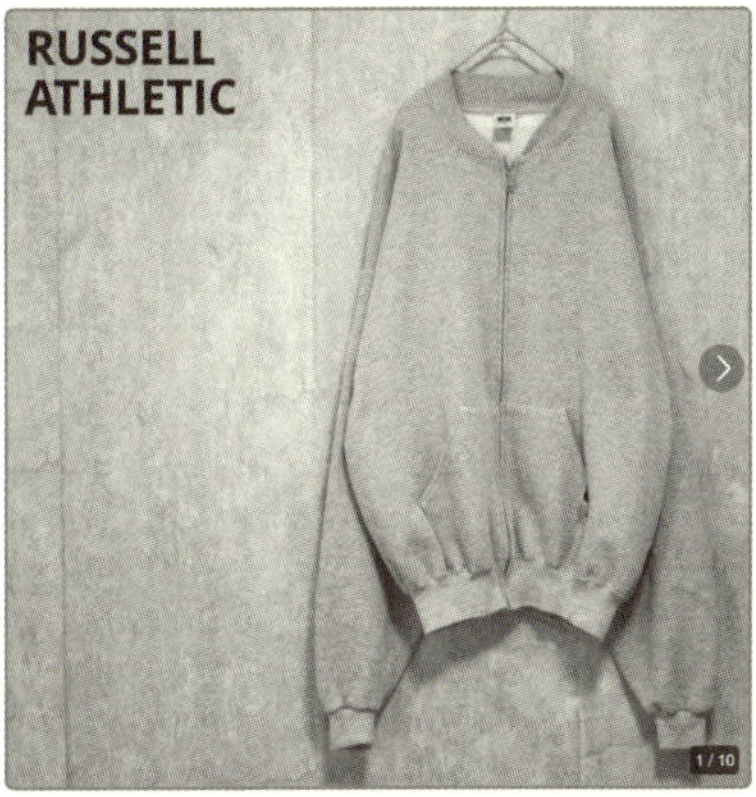

サムネイルはショップのもう1つの顔。サムネイルのクオリティが売上を左右するといっても過言ではない。写真上達のコツは数をこなすことと、うまい人のモデリング。

な」と感じてもらえれば商品説明文に進んでもらえます。逆にサムネイルでよくない印象を与えると、あなたのショップまで足を運んでくれないので売れる確率が限りなく低くなってしまいます。

メルカリの写真を撮るときに大切な要素は次の3つだけしかありません。**「背景」「商品そのものの写り」「商品を説明する文字のフォント」**です。**どれもかんたんなのですが、3つとも丁寧にやっている人は少ない**です。コツがわかれば難しくありません。数をこなして慣れていきましょう。

お客さまはあなたの商品に不安を感じている

売れる写真を撮る前に、大切な前提のお話をします。それは、**メルカリで商品を買うときのお客さまは内心不安でいっぱい**ということ。「この人が出してる商品、本当にきれいなのかな？」「じつは壊れてたり汚れてたりしない？　隠してない？」という具合に疑いを持ってあなたの商品を見ています。

メルカリでは商品を手にとってまじまじと見られません。お客さまが自分の気が済むまで商品をチェックしたうえで買ったのならば、もし何か問題があったとしてもあきらめがつくでしょう。しかしメルカリではそれができません。

メルカリでは、お客さまは心の底では「本当にこの店で買って大丈夫なの？」と疑っていると考えてください。おかしなモノをつかまされないか、損をしないか、不安に感じています。ですから安心できるショップづくりが必要なのです。そのためには、お客さまが不安に感じそうなこと、知りたいことに先回りするようにしてください。

メルカリで稼いでいる人は口をそろえて「写真が大事だよ」といいます。その理由は、**メルカリでは写真から得られる情報量がもっとも多い**からです。写真は一目瞭然で、嘘をつけません。

あなたはどういう人なのか、信頼に足る人なのか、お客さまに厳しくジャッジされています。しかしそれは逆にいえば、その厳しいお客さまの眼鏡にかなうような信頼できるショップをつくることができればショップの評価は自然と高まり、新規客もリピーターも獲得が容易になっていきます。不安なお客さまに安心してもらえるようにできることをやっていきましょう。

清潔感を与える写真の背景は「白」

写真でもっとも伝えたいのは「清潔感」です。中古品を売っている場合、どんな商品であれお客さまは汚れや臭いを気にしています。「どんな人が使ってたんだろう？」「ちゃんと保管や管理はされていたのかな？」と考えています。たとえ新品を扱っていたとしても、未使用品でまったく汚れていなかったとしても、「何となく汚れてる気がする。本当に新品？」と、写真でマイナスの印象を持たれてしまったらアウトです。では、どのような写真が清潔感を与えるのでしょうか？

まずは背景の生活感を消すことから始めます。**「この商品はこんな人が前に使っていたんだろうな」とお客さまに想像させないことが目的**です。背景に部屋干ししている洗濯物が写っていたり、無造作にぐちゃっと床に置かれていたり、その商品と関係ないものが写り込んでいたり……。それだけで買い物のテンションが下がりますよね。背景からそのようなノイズを取り去るだけで商品の見映えはグッとよくなります。

清潔な印象をお客さまに与える写真にするには、背景を白にしてしまうことがかんたんです。「背景　白抜き　アプリ」といったキーワードで検索すると「Photoroom」など、写真に入っているノイズを除去して背景を白一色にできる無料アプリが見つかります。ほかにも「PhotoDirector」「Promeo」などいくつか種類があるので試してみて一番使いやすいアプリを選んでください。

また、個性を出したければ、あなたが出品する商品の世界観に合わせた背景を選ぶこともよいでしょう。たとえばアメリカ雑貨を扱っているなら星条旗のラグを敷いた上に商品を置いてみるといったようなことでも、お客さまがパッとサムネイルを見たときにどういうショップなのかが伝わります。ポイントは、繰り返しになりますが清潔感の演出です。それさえ押さえていれば背景は自由に選択できます。

全体的に明るさが足りない写真も、お客さまに清潔な印象を与えません。理想は午前中の明るい自然光を使って撮影することです。自然光の入る明るい部屋で午前中に撮影できる環境であれば文句なしですが、日当たりがよくない部屋だったり仕事があって夜にしか撮影できない場合もありますよね。そんなときは照明の出番です。照明を使って、**その商品の見え方が実物により近くなることを意識して撮影してください**。

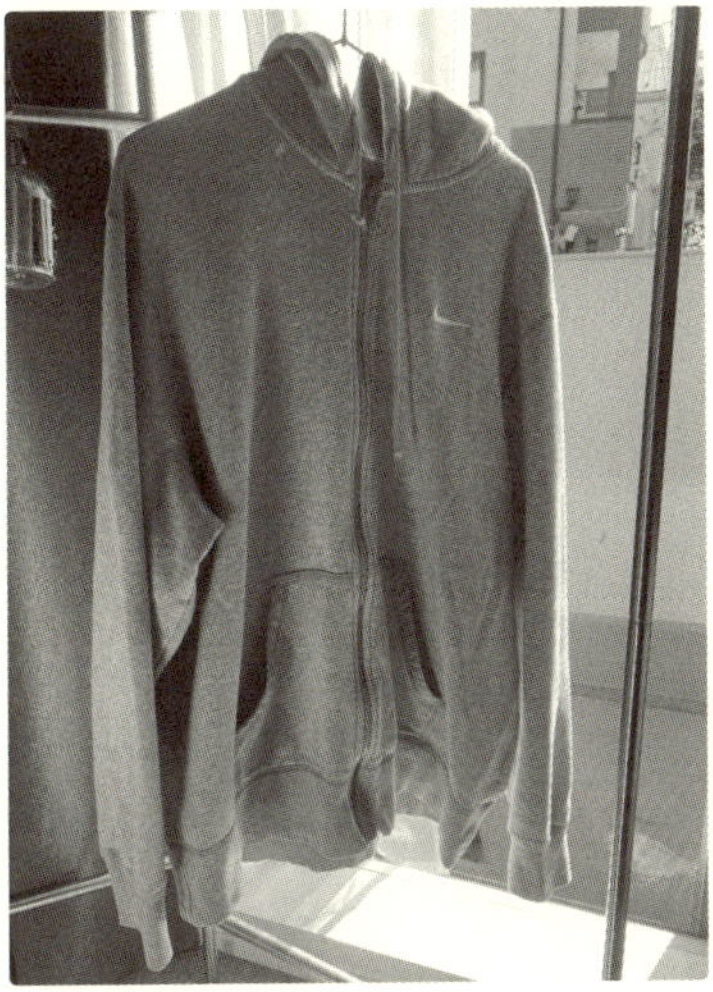

悪い写真の例。背景に商品と無関係なモノが写り込んで生活感がありありと出ている。商品も正面からズレて写って、さらにしわが寄ってだらしない印象。

「メルカリに載っていた写真と実際に届いた商品の印象が違った」というのが、お客さまから悪い評価をもらうときに多いパターンです。照明を使うときは、汚れが見えなくなるくらい明るくしたり、色味が実物と異なるくらい明るくならないように気をつけてください。最大10枚まで写真を載せられますが、たとえば1枚目、3枚目、7枚目と色味が全部違っていて、どれが本当の色なのかわからないというのも、お客さまが購入をためらう理由になります。

とはいっても、写真を加工しない、ということではありません。むしろ加工することで商品の売りが伝わるのであればどんどん加工してください。加工は、「実物とかけ離れた印象にならない範囲で」ということです。

また、**サムネイルにはブランドなど商品の魅力を一言で表す文字を入れます**。情報量が多すぎるサムネイルも見かけますが、商品それ自体が見にくくなってしまっては意味がありません。サムネイルに使う文字のフォントは、シンプルで装飾の少ない、洗練されたものを選びます。フォントも含めたサムネイル全体のデザインが売上を左右しますので、いろいろなパターンを試してみて、あなたのショップの世界観に合ったフォントを見つけてください。

モデリングしたい写真と自分の写真の違いをはっきりさせる

メルカリの写真を撮るときの大切な要素として、「背景」「商品そのものの写り」「商品を説明する文字のフォント」という3つを挙げました。

商品そのものの写りは、ちゃんとピントがその商品に合っていること、全体が見えること、メルカリの写真の適切なサイズである正方形（スクエア）で撮られていること。ごく基本的なことなので難しくありません。お客さまは、きちんと使えるか、壊れていないか、傷がないかという商品の状態をもっとも気にしています。商品の状態が正確に伝わることを意識していればまず問題は起きません。

そして、その商品の魅力がどこにあるのか出品者であるあなたが一番理解していると思います。サムネイルに使う写真はInstagramだと思って、魅力が一目で伝わる渾身の映え写真を使ってください。

写真撮影は「うまい出品者のモデリング（真似）」と「数をこなして慣れること」で誰でも上達して、よいサムネイルをつくれるようになります。メルカリやInstagramを眺めていて、あなたが扱っている商品と同じジャンルの写真をアップしているフォロワーが多いアカウントを見つけたら、いいね！がたくさんついている写真の真似をしてください。その際、どの部分がフォロワーに推されているのか、あなたはどこがいいと思ったのかを考えてみてください。

たとえば写真がパッと目についたのであれば、なぜ多くの写真があるなかで目に飛び込んできたのか。どこがほかの人と違うのか。自分の写真はそれと比べて何が足りないのか、または何が多いのか。自分で考えることはもちろん、家族や友人にも意見を聞いてみることをおすすめします。

お客さまとのやりとりや売れないことで困ったら

メルカリでたくさんの取引をしていると、うっかりミスをしてしまったり、立て続けにクレームが入ったり、お客さまとのやりとりで嫌な思いをすることも出てきます。うっかりミスは100%こちらの責任ですが、こちらはきちんと対応しているのに理不尽な目にあったりすると、「もうメルカリやめようかな」と落ち込んでしまうこともあるでしょう。僕の経験からいって、問題は取引そのものよりも取引にまつわるコミュニケーションで起こっていることが多いです。

たとえばお客さまから「思っていたものと違ったので返品させてください」とメッセージが来たらドキドキしますよね。「この人クレーマーか？　腹立つなあ」とか、「自分が出品した商品でごめんなさい」とか、「うわー、なんか自分に非があったのかな、どうしよう」とか、瞬間的に怒りや悲しみや落胆などいろんな感情が湧き上がってくると思います。そしてその感情が膨らんでいくと、「どうせ自分はメルカリやってもダメなんだ。今月売上悪いし……向いてないんだ……」といった具合にネガティブ思考に行き着きがちです。そうなるとメルカリを見るのも嫌になり、だんだん遠ざかってついにはやめてしまう。そんな人を僕は大勢見てきました。

しかし、メルカリをやる以上細かいトラブルは避けて通れません。**僕がいつも心がけているのは、「実際に起こったことと自分の感情を切り離して、淡々と対応する」**です。

「思っていたものと違ったので返品させてください」と来たのなら、いったん深呼吸して落ち着きます。そして、実際に起きたことは何だろうと考えます。ここでは「自分が思っていたものと違ったので返品したいという連絡がお客さまから来た」というのが実際に起きた事実です。

この事実に、先ほどの怒りや悲しみや落胆などネガティブな感情がくっついてしまうと精神的にダメージを食らってテンションが下がりメルカリをやめたくなってしまいます。

「思っていたものと違ったので返品させてください」というお客さまの言葉は、それ以上でも以下でもありません。あなたを攻撃しているわけではありませんし、ましてやあなたがメルカリに向いているかどうかなんて一言もいっていません。もしネガティブな感情が浮かんでいたら、それはあなたが自分でつくり出しているのです。

あなたはまったく悪くありません。そして購入してくれたお客さまも悪くありません。お客さまとのコミュニケーションで問題が起こったら事実関係を確認し淡々と対応しましょう。

売れないときは“売れている人の当たり前”をチェックする

第5章の最後に、売れないことに右往左往しているときに見てもらいたいチェックリストを掲載します。メルカリは特別なスキルが必要とされませんから、当たり前のことを当たり前にできていない人が売れずに脱落していきます。**このチェックリストは売れている人が必ずやっている“当たり前”をまとめたもの**です。

あなたが出品した商品が売れないとき、チェックが入らない項目がないか確認してみてください。それらを修正していくことで売れる販売者に徐々に近づいていきます。

項目の1つひとつは本当にシンプルで、「こんなのもうできてるよ！」と思うかもしれません。しかし、もしあなたがメルカリで思うような売上を出せていないのであれば、お役に立てることがあるはずです。

修正してみるとお客さまの反応が変わり、嘘のように売れ出すこともよくあります。売れずに悩んだときはぜひ一度立ち止まって、まっさらな気持ちでチェックリストを眺めてみることをおすすめします。

メルカリで売るための〝当たり前〟チェックリスト

商品（仕入れ）について

□ターゲットが好むモノか
□売値をリサーチしてから仕入れをして、相場で売っているか
□仕入れの段階でどう売るか、いくらで売るかの売り方のイメージができているか
□汚れやダメージの見落としがないか

写真について

□床に直接置いているなど清潔感がない状態で撮影していないか
□商品に関係のない、生活感のあるものが写り込んでいないか
□暗くないか、明るさは十分か
□商品を左右対称に整えて撮影しているか
□写真ごとに商品の色味が違っていないか
□タグなどの情報が写っている写真があるか
□汚れやダメージの写真があるか
□汚れやダメージが商品のどの位置にあるのか写真を見ればすぐにわかるか

メルカリで売るための〝当たり前〟チェックリスト

商品タイトル、商品説明文について

□ターゲットが検索するキーワードが漏れなく入っているか

□関連性が低いキーワードを大量に羅列していないか

□表記サイズや採寸値、状態など商品の概要がわかる情報が記載されているか

□デメリットを強調しすぎていないか

□商品の魅力や感情的価値をアピールできているか

□商品説明文に書いた商品の状態と写真がリンクしているか

値段設定について

□リサーチしてから値段をつけたか

□自分の売りたい額で値付けしていないか

□相場から乖離していないか

□タイムセール機能を使っているか

□値下げ交渉に応じるか否かを決めているか

STEP 6

安定のために

第6章

本業メルカリで長く成功するには

健全な状態でビジネスを安定させるために

「メルカリで〇〇円稼ぐぞ！」という当初の目標を達成できたとき、「あれ、思ってた理想と違うな……」と満足していない自分に気がつくかもしれません。がむしゃらに目標達成のために行動し続けているときには気づけなかった自分の課題が、うまくいったタイミングで次々と浮上してくるのです。それは人によって違いますが、慢心だったり、怠惰だったり、無気力だったりします。

僕は、いま挙げた課題がすべて出てきました。「もう俺は成功したぞ」と調子に乗って慢心し、努力をやめ、部屋にひきこもって朝から晩までYouTubeやNetflixを見続ける。飽きたら適当に散歩したり出かけたり、その繰り返しの毎日。

サボっていてもいますぐ困りはしないけど、こんな日々がいつまでも続くわけがないと時々たまらなく不安になる。でも自分と向き合うことが怖くて目をそらし、楽なことに逃げていく。

ビジネスが軌道に乗り始めた初期のころ、僕はそんな生産性ゼロの状態に陥りました。

そして自己否定の沼にはまっていき、そこから抜け出すまでにかなりの時間を要しました。僕と同じ轍を踏まないためにも、継続について考えてみましょう。

自分に合った継続のやり方を見つけよう

ビジネスは成果を継続しなければいけません。いちどきに無理をして全力を出しきって燃え尽き症候群になり、表舞台から姿を消していった人を僕は何人も見てきました。どうやったら自分はビジネスを安定させて継続できるのか、あらかじめ考えておきましょう。

ビジネスを始めた当初は苦しい戦いが続くため、そこで多くの人があきらめて退場していきます。意気揚々と掲げた目標が思うように達成できないかもしれませんし、うまくいっているほかの人がうらやましく思えて、うまくいかない自分を責めてすっかり自信を失うかもしれません。でもそれは成果を出しているすべての人が通った道です。僕も通りました。**そんな苦しくて挫折しそうなときこそ、いま自分は正しい道を進んでいるんだと、意識的に自分を承認してください。**ほとんどの人が挫折する壁を越えたあなたにだけ、大きな成果が待っています、

もちろん僕も数えきれないほど転び、傷だらけになりました。始めたきっかけは決して

希望にあふれた前向きなものではなく、会社員としての能力がなかったからですし、スタートしてからも順風満帆とはとてもいえない日々を送りました。信用していた人にだまされて大金を失うこともありましたし、うまくいくと思ってやったことが裏目に出て多額の損失とともに損切りしたことも何度もあります。そのたびに、「もうこれ以上は無理だ」「センスも運も人を見る目もない」と心が折れそうになりました。

しかし、それでもあきらめずにビジネスを継続することで思わぬチャンスに巡り会うこともありました。それは自分のビジネスを拡大するアイデアや、すぐに折れそうになる自分を励まし力づけてくれる大切な仲間たちとの出会い、そして時代の流れも追い風になりました。古着ビジネスとＳＤＧｓの接点が生まれたのも、僕に出版の話が舞い込んできたのも、うまくいかないときでもコツコツ地道に情報発信を続けていたからこそでした。

ビジネスを続けていくためには、息切れしない、自分に合ったペースやり方を見つけることが大事です。

あなたはどういうときにモチベーションが下がるのか、嫌になるのか、逃げ出したくなるのか、自分で理解していますか。思いどおりにならないとき、自分のせいにするのか、他者や自分を取り巻く環境のせいにするのか、どちらでしょうか。ほかでもないあなた自身のことを、あなたが理解していることがとても大切です。自分のことを自分で理解できていないと風に舞うビニール袋のようにあっちに行ったりこっちに行ったり、コントロールできません。やる気があるときは集中してやるけど、やる気がないときはどうやってもできない、では長続きは望めません。一発屋で終わらないためにも自分に合った継続の仕方を模索してください。

僕は、**継続するために思いっきり人の力に頼りました。**それまでずっと、「自分でやらなきゃ」と1人で気張っていたのですが、同時にすぐにサボってしまう自分にうんざりしていました。しかし僕にはない素晴らしい能力を持った人たちがまわりに大勢いることに気づいたことで、周囲の協力を借りられるようになり、それからは何でも1人でやる必要はないんだと肩の力も抜けて楽しくビジネスを続けられるようになりました。

ビジネスを長く続けるために

- 一発屋的な成功は意味がない
- 燃え尽きないように取り組む
- すぐに結果が出ることを期待しない
- 自分のペースで走る
- とにかく走ることをやめない。疲れたら歩いてもいい
- 努力してきたことを認める
- 一緒に走る仲間がいると心強い

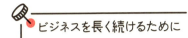

人の力を借りて、自分1人では到達できない高みをめざす

ゼロをイチにするより、1を10にするほうがやさしいです。月に10万円売り上げられるようになったら、じつは100万円はすぐそこです。

月に10万円稼げたらメルカリで収益を上げる一通りの流れはわかってきているはずです。ゼロイチの段階では回転重視で質より量をこなすことが大切ですが、次の段階では継続して量を増やしつつ同時に質の向上も求めていきます。

たとえばいまよりきれいなサムネイルを撮影するためにカメラをiPhoneから一眼レフにして、撮影場所や照明も変えてみる。ターゲットをより高単価の商品を買ってくれそうなお客さまにシフトしていく。仕入れ商品の値段を上げ、売値も上げていく。

次の段階に入ると、自分1人でビジネスのすべてを担おうとしてもいずれ限界を迎えます。ゼロイチ段階ではコツコツと1人でやっていても問題なかったのに、ビジネスが軌道に乗って拡大すると忙殺されるようになります。

作業が増えてメルカリで売ることの楽しさが減り、時間に追い立てられるようになり、何のためにやっているのかわからなくなってきます。「自分が倒れたら、このビジネスも同時に崩れるな」と、そんなことを考えるようになります。

そうなったときの次のステップは、**「自分がやらなくてもいい仕事は何か？」を考えることです**。自分の能力を見極めて、**自分が苦手なこと、やらなくていいことは得意な人に任せる**段階です。

自分でビジネスをしようと考えたり、それに向けて行動を起こしているあなたは能力もモチベーションも高い人です。能力が高いがゆえに、人にやらせるより自分でやったほうが早いと何でもやってしまうかもしれません。しかし、ここで人の力を借りることができれば、別の言い方をすると自分の仕事を手放すことができれば、一気にビジネスがスケールアップしますし、空いた時間も生まれます。

たとえばメルカリの作業であれば、写真撮影も含めた出品作業をスタッフを雇って外注化する。SNSやポップアップショップなどを使って外部から集客できないか考える。インフルエンサーと協業する。仕入れをまとまってできる場所を探す。仕入れ専門のバイヤーを雇う。メルカリのプレイヤーではなくアイデアをつくるプロデューサーになり、メルカリで売ることのすべてを人に任せる。そのために融資を受ける。

「自分1人でやらないといけない」という考えを手放した瞬間に発想が自由に解き放たれ、これまでは想像もしなかった可能性が新たに生まれます。メルカリが軌道に乗ってきたら人と協力することを次のステップとして考えてみてください。

薄利多売を経て、厚利多売へ

112ページで、最初は利益よりも回転重視でメルカリの一連の作業に慣れること、お客さまの信頼を得ることを狙っていこうと書きました。つまり薄利多売です。すでにメルカリをしている先行者に後発組が勝つには、価格が安いことが一番お客さまに訴えかけやすいメリットになるからです。

しかし、薄利多売を考えなしに続けているとだんだん疲弊していきます。毎日の作業をこなしても個々の商品の利益が薄く、目的を持ったうえでの薄利多売でないと、「これがずっと続くのか」とうんざりしてしまいます。

薄利多売の目的が達成されたら利益をガッツリとれるようなショップをつくるために、**徐々に相場に合わせて値段を上げていきましょう。**

目安としては月の売上10～20万円くらいです。ある程度商品が狙いどおり売れるようになり、ターゲットも絞られ仕入れも安定してきて自信がついてきたときがそのタイミングです。「もうそろそろ相場に合わせて値段を上げてもよさそうだな」という時期は、そのときが来たらおのずとわかります。

最初はざっくりとショップの方向性を決め、なるべく幅広いアイテムを仕入れて出品し

薄利多売から厚利多売へ

月次売上
10～20万円

メルカリの流れを
完全に
把握している

狙いどおりの
お客さまを
集客できている

↓

そのタイミングが来たら……
**少しずつ、売値を
相場かそれ以上に設定して
テストする**

↓

それでも売れるなら……
**出品数をとにかく増やしていく
仕入れ、出品、発送の
外注化を視野に入れる**

↓

**自分が動かなくても
ビジネスが回る環境へ**

て様子見します。薄利多売の値段設定でお客さまの反応を見ながら売れる商品と売れない商品の選別をしていきます。ここで反応が悪い、売れない商品は次回の仕入れのときに弾き、売れた実績のある商品を核にして仕入れ、「これが売れるということはこれも売れそうだ」とアタリをつけた商品にも枝を伸ばしていくのです。

そうやって試行錯誤しているとメルカリにも慣れ、売上もある程度上がっていきます。その過程でライバルがいないスペースが見つかり、個性的で独自の魅力があるショップに近づいているはずです。

そうなると、あなたのお客さまがあなたのショップでモノを買う理由は必ずしも値段だけではなくなります。「あなたの商品の選び方が好き」「あなたのお店のコンセプトに興味を持った」というファンが現れるのです。まさにこのときが「厚利多売」に切り替えていくタイミングです。

厚利多売のスタイルが、僕たちがメルカリでめざす最終的な理想の形です。代わりがいないあなただけのポジションを見つけ、またはつくり出し、お客さまが求めている商品を利益がとれる値段でたくさん売っていきましょう。

成果が出たあとのマンネリに邪魔立てされないために

ここでは、メルカリに取り組んで成果が出たあとに訪れるさまざまな試練の乗り越え方についてお話しします。

まず、メルカリに取り組もうと思ったこと、そして実際に取り組んだ自分をほめてください。とても素晴らしいことです。あなたはそう思っていないかもしれませんが、チャレンジすること自体、誰にでもできることではありません。取り組み始めてから何度も挫折しそうになったかもしれませんし、本業や家庭との両立に悩んだり、時間の捻出に苦労したり、まわりの人に理解されなかったり、苦しいことや不安なこともあったはずです。

いまメルカリで理想どおりの成果が出ていてもそうでなくても、思うように取り組めていてもいなくてもOKです。成果が出ているなら、さらに突き進むことをめざしましょう。思うように取り組めていなくてもいつだって再チャレンジは可能です。いまのあなたをまるっと承認して、ここから先も前進していきましょう。

さて、メルカリの一通りの流れがわかり、成果が出てくると喜びのほかに出てくる感情があります。**マンネリと、マンネリによって差してくる嫌気**です。しかし、そこで放り出してしまうと何をやっても同じことの繰り返しになります。マンネリを打ち破るための考え方が必要です。すでに成果を出している人にとっては少し耳が痛いかもしれませんが、これも次のレベルに到達するためのステップとなります。

気持ちが満たされたときにすかさず目標を再設定する

87ページで目標設定について、「いまの自分ではギリギリ無理そうな目標にする」ことを書きました。人は過去のネガティブな経験が、いまや未来のチャレンジを邪魔するので、普通は大きな目標を掲げることが苦手です。「まあ自分にはこのくらいのレベルがちょうどいいかな」と、過去の経験を基準に目標を合理的で小さいものにしがちです。

僕などその典型で、「あのときチャレンジしたけど結局失敗したし」「あの人だからできたんでしょ。自分にはどうせ無理だろ」「こんなしんどい思いをするならやらないほうがマシだった」という具合に、大きい目標を掲げようと考えただけでネガティブな気持ちが頭のなかにあふれ出てきます。この過去の経験に由来する、自動的に浮かんでくる脳内のセリフを無視し、意識的に高い目標をつくることが大事です。

メルカリは正しいやり方を素直に実践できれば、はじめはそんなの無理だと思っていた目標も、成長するにしたがって次々とかなうようになります。成長し続けたいのであれば目標がかなっても慢心せず、常に目標を大きく更新していきましょう。

目標を達成したとき人は満足感に浸りたくなります。それまで自信がなかったことが嘘のように、「あ〜俺すげー!」と有頂天になります。**目標を新しく再設定するのはまさにその瞬間。目標を達成して一番テンションが高く誇らしく思っているそのタイミングを逃さずに新しい目標を決めてください。**そして、その目標を誰かに聞いてもらってください。

いままでの自分の実力から乖離するような新しい目標を再設定すると、必ず居心地が悪くなります。「うわーやばい。こんな目標ほんとに達成できんのかよ」と落ち着かなくなったら、それはあなたのレベルに合った適切な目標がつくれたことのサインです。

あなたは実際、どんな目標も達成できます。金メダルをめざすオリンピアンのように生きることも可能です。日々の自分の取り組みや、できるようになったことを承認しながら新たな目標に取り組んでいきましょう。

中級者が味わう試練の越え方

仕事でも勉強でもスポーツでもゲームでも何でも、その分野の初心者・中級者・上級者という段階があります。ある分野で熟達しようと思ったら何も知らない初心者からスタートし、真似をしながら徐々にレベルアップしていくことはどんなことでも同じです。

メルカリでビジネスをすることにも、もちろんこの段階が存在します。まだビジネスの全体像がつかめていない、メルカリのルールや使い方がわかっていない、収益が1円も上がっていない初心者の段階をクリアした次には中級者という段階があります。

中級者はたとえば本業を上回る収入を稼げるようになったとか、卒サラを果たしたとか、そのようなレベルとなるでしょう。そして、**中級者になると慢心して成長が止まる人が非常に多い**です。

僕もこの試練を経験した1人です。ちょっと収入が安定してきたことで調子に乗って、それまで勉強していたことをやめてしまい、売上がパタっと上がらなくなりうろたえまくった時期があります。それも一度だけでなく、愚かにも何度も繰り返しました。

初心者の段階では触れる情報すべてが新しく、やれることもどんどん増えて順調にステップを登っていたのに、謙虚さを忘れた瞬間、急に目の前に踊り場が出現します。チャレンジ精神が薄れ、得たものを失う恐怖にとりつかれ、その一方で「俺はもうこんなことは目をつぶってもできる」と傲慢になってしまうのです。傲慢になってくると、「まあ今日はこのくらいでいいや」と怠惰な感情もセットでくっついてきます。まわりの人の声も耳に入らなくなっていきます。勉強することも忘れます。

中級者の壁

▶ 慢心から怠惰になる
▶ パワーや充実感が乏しくなる
▶ 同じ毎日の繰り返しにうんざりする
▶ 本来自分がやりたかったことを見失う

それらは悪いことではなく……
あなたにとって重要な気づきであり、学びであり、本当にやりたいことが見つかるチャンス

中級者の壁を乗り越えるには……
自分よりハイレベルな人が集まる環境に身を置いたり、知らないことにチャレンジしたり、〝初心者のころ〟への先祖返りを自分で仕掛ける

中級者は、いざとなれば自分が動けば動いた分は稼げるし、そのジャンルの商品に限れば売るうえでわからないこともないし、現状維持ができてしまうというステージにいる人です。これは見方を変えれば、うまくいった自分のいままでのやり方に執着し新しいことへの興味を失うと情報がアップデートされなくなり、だんだんとジリ貧状態になり、売上が上がらなくなったときにはすでに手遅れに……となりかねない人です。

成果を出した人に訪れるこの試練を克服するためには、慢心できない環境に自分を置くことが有効です。たとえば、いままでまるでやったことのない別分野の勉強を始めたり、自分よりレベルの高い人が多数派のコミュニティに参加したりすると長く伸びた鼻がへし折られ、「まだまだ自分は知らないことだらけだ」と謙虚に再スタートできます。

初心者のころのキラキラした気持ちを思い出し、自分にはなかった発想を得ること、あったけれどどこかに捨てていた発想をもう一度考え直すことの機会にもなります。この試練を経験することで、それまで気づけなかった自分の悪癖に気づき、次に進むことができるようになります。もちろん僕も、いまだ中級者として日々壁にぶち当たり続けています。

知らないうちに伸びていた鼻をへし折ってもらえるチャンスは年齢を重ねると少なくなります。自分から機会を探しに行かない限り難しくなるはずです。満足できるような成果を手にしたときこそ、積極的に未知の環境に身を置くことをおすすめします。

視野を広げて商品の旬をとらえる

モノの売買には旬があります。旬を逃すだけで同じ商品でもすごく値下げしないと買ってもらえなかったり、悪くすると不良在庫になってしまったりします。**旬を見極め、その商品が一番高く売れるときに集中して働くという考え方はタイムパフォーマンスを最大限に高めるためにも大事**です。

たとえば本を売っている人なら、その原作がアニメ化されたり映画化されたりして注目度が上がったタイミングが旬であり、一番高値になります。洋服であれば、ダウンジャケットなどの冬物は冬が始まるころが一番高値で売れます。それがその商品の旬です。

販売する時期だけでなく仕入れにも旬があります。一般的に、もっともその商品の需要がないタイミングが仕入れの底値になります。洋服なら冬にTシャツなどの夏物の需要は少ないですし、夏に冬物もしかりです。この需要がないときに大量に仕入れておいてピークシーズンまで寝かせておくと仕入れが安くなり、利益を最大化することができます。

たとえば洋服は夏に比べて冬に需要が高まります。夏はTシャツや半袖シャツなどバリエーションが少ないですが、冬はコート、ジャケット、ニット、スウェットなど多種多様です。またそれぞれの商品単価も高額になるため、同じ労力、同じ作業時間でも冬のほうが夏より何倍も儲かります。ですから洋服を扱う人は、夏の間は冬に売る商品の準備をするだけで作業を抑え、その代わり夏場は季節に左右されない、洋服とは別の商品を扱うようにするとタイパが高まります。

売れにくい時期に無理に売ろうとすると安売りしないと売れませんし、それではモチベーションも上がりません。自分が扱う商品の旬を意識してビジネスをとらえてみてください。

積み重ねてきたことの記録を自分に、他人に見せる

ゼロイチの時期はがむしゃらに行動しますし、それにともなって自分の成長も目に見えてわかるので毎日楽しく取り組めますが、ゼロイチの段階を超えてある程度稼げてくると、以前に比べて成長ペースが鈍化しているように感じられて不安を覚える人が少なくありません。自分は成長しているのか？　このままのやり方を続けてもいいのか？　自分のやり方の自信がぐらぐらしてきたら誰でも不安になって当然です。

117ページで書いた「数字で現在地を把握する」を思い出してほしいのですが、自分の気持ちや数字といったものを外に出すことは、客観的に自分のレベルを把握するのにと

ても有効です。

文章に書いてみて、誰かに話してみて、はじめて自分の気持ちや考えていることに気づくこともあります。**自分で気づく、自分で発見することで、はじめて人は変わることができます。**「あなた成長してますね」と他人にいわれて、「そうかなあ、そうは思えないんだよなあ」とピンとこなくても、自分がビジネスに取り組んで1カ月、2カ月、3カ月、半年、1年……とそのときに思うことを素直に書いていれば、あとから振り返ったときに自分の成長を必ず実感できるものです。「あのときはこんなささいなことで悩んでたのか」「あのときと比べるといまの自分の悩みはかなりレベルが高くなってるな」――そんなふうに自分の成長に気づけたらチャンスです。自分の努力を素直に認めることができ、モチベーションは回復するでしょう。

メルカリは日々の地味な作業の積み重ね。その先に成功があります。僕はコミュニティのメンバーに毎月、実績報告を提出してもらうことをお願いしています。アウトプットは、他人に見てもらえる環境でするのが一番成果に結びつきやすいからです。投げ出さないためにも、自分が努力してきたことを振り返れる仕組みを構築してください。

メルカリから飛び出す発想もあっていい

僕は2016年からメルカリを利用していますが、当時といまではメルカリの仕様はかなり変化しています。その変化する過程で対応することが難しいなと思うこともしょっちゅうありましたし、自分のビジネスに逆風と感じることもしばしばでした。しかしいま、どう対応しようか悩んでいたときのことを振り返ってみると、変化はすべて自分のビジネスにとってよいことだったと気づくのです。

「これはピンチだ」「もうダメだ」と思ったときにいつもそれをはねのける新しい発想が生まれました。たとえばメルカリに出品する作業に限界を感じたとき、メルカリ以外の別の場所でも可能性を試してみたらどうかと**販売チャネルを増やすことに乗り出したことは売上拡大に直結しました**。

販売チャネルとは商品の売り先のこと。僕たちはメルカリを使ってビジネスを行っていますが、もちろん販売チャネルはそれだけではありません。ネットだけでなくリアルのフリーマーケットや実店舗、ポップアップストアをやってみることでまた別の角度からの発見があります。メルカリで売れやすい商品もあれば、対面できるリアルの場のほうが反応がよく売れていく商品もあるのです。

また、同じネット上でもメルカリ以外のフリマアプリや、ライブ配信しながらオークション形式でモノを売れるライブショッピングアプリもあります。ネットとリアルではお客さまの属性、買い物の仕方が変わりますし、僕たちの接客も変わります。メルカリ以外の販売チャネルについて考えてみましょう。

オークションで購入者に値決めしてもらうのもアリ

フリマアプリはメルカリだけではありません。万が一、何らかの理由であなたの商品がメルカリで売れなくなったときの避難先としてあらかじめ複数のアプリに登録しておくと安心です。

メルカリ以外のフリマアプリの有力どころは「Yahoo!フリマ」「楽天ラクマ」となるでしょう。アプリごとにコンセプトや客層が違うため、この商品はメルカリ、これはラクマなどと使い分けすることで売上アップが見込めます。Yahoo!フリマの特徴としては、ヤフオクユーザーが多いことの反映か専門性の高いマニアックなモノが売れやすいです。ラクマは「フリル」という女性ユーザーが多かったフリマアプリを母体としているのでいまも女性の利用者が多いです。どのフリマアプリも主な使い方はほとんど同じなので戸惑うことは少ないでしょう。

また、フリマではなくオークションサイトになりますが、「Yahoo!オークション（ヤフオク）」の便利さは多くの人が知るところでしょう。出品者が値段を決めるのが基本のフリマアプリと違い、ヤフオクはオークション形式で値段が決まりますから、値段をつけにくいモノや熱狂的なマニアが存在するジャンルの商品だとヤフオクのほうが高値になるケースも多いです。ただし、いまのヤフオクは出品者が設定した値段で即落札ができるフリマモードがあるのでフリマアプリとの差は以前より小さくなっています。

僕はマニアが多そうなジャンルの商品、たとえばサッカーJリーグ関連のグッズやオートバイ・車の関連商品を扱うときはヤフオクを積極的に使っています。Jリーグなら過去に売られていたユニフォームや帽子などのアパレル、ステッカーや文房具などの小物類、オートバイや自動車ではモータースポーツ関連のグッズなどです。僕に商品知識がまったくなかったり、**一点モノの商品が多くリサーチしても相場がわからないため、売り手が値段を決めなければいけないフリマアプリよりも需要に応じて値段がつり上げられていくオークション形式の**

コアなマニアがいるジャンルの商品であればヤフオクに出品するのもアリ。オークションモードで出品すれば予想以上の値がつくことも。

ほうが高額で売れることが多いです。

たまたま自分の知識がないジャンルのモノを仕入れたときや、希少商品でリサーチしても相場の見当がつかないときはヤフオクを利用してみると面白いです。こちらの予想を大きく超えて高値になることもあります。ちなみに2025年1月末から、メルカリでもオークション機能が提供されることが発表されました。これからどうなっていくのか、要注目です。

インフルエンサーの資質ありならライブショッピングアプリ

ライブショッピングアプリは、僕たち販売者が配信者となって商品を紹介し、リアルタイムでお客さまとコミュニケーションをとりながら商品を売るアプリです。**「個人でできるテレビショッピング」**と考えてもらえばいいでしょう。

ライブショッピングアプリは、あなたの配信を見ている視聴者と直接コミュニケーションをとれることが最大の魅力です。アプリを通してスマホの向こう側のお客さまに商品のメリットをアピールするので、扱っている商品について深い知識がある人や、リアルの場で接客した経験がある人にアドバンテージがあります。お客さまと直接つながるので商品についての質問などリアルタイムでコメントが飛んできます。コメントに即座に答えられる商品知識と接客スキルが必要です。

また、**メルカリではどうしても手間がかかる写真撮影工程をライブショッピングアプリではすべて省略できるのも大きなメリット**といえます。動画を配信しながら次から次に商品を紹介するだけで、メルカリでいう出品作業が完了します。

売り手の顔や声をお客さまは常に見ていますから、ショップにファンがつきやすいのもライブショッピングアプリの特徴です。配信者と視聴者の心理的な距離が近いため、商品そのものよりも配信者やショップを応援しているから買う、推したいから買う雰囲気になります。ファンはライブ配信のたびに来てくれますし、そのなかで何度も買ってくれるリピーターが現れます。物販というよりもインフルエンサービジネスにカテゴライズされるかもしれません。自分を表現したい人、お客さまと直接コミュニケーションしながら売っていきたい人にとっては面白い販売方法です。

ハードルを下げて リアル店舗に挑戦する

メルカリというネットの世界から飛び出して、リアルの場で売ってみることに挑戦するのもとてもおすすめです。そこで学んだことをメルカリのショップづくりにフィードバックしていくと、どんどんあなたのショップのオリジナリティが増していき、自分の強みも浮き彫りになります。また、リアルでお店を経営していることはお客さまからするとこれ以上ない信用となるはずです。

売れ残りが発生してしまうことはモノを売るビジネスの弱点の1つですが、**リアルの場はメルカリでの売れ残りを売り切る場所として使えます**。ネットとリアルでは売れやすいモノと売れにくいモノがかなり異なります。仕入れてみたもののメルカリでは売れ残ってしまったモノ、実際に手にとってみることでイメージが伝わるモノ、大量に安くまとめて仕入れたことでターゲットにそぐわず販売先に困っているモノ。そういうモノがリアルで売れることはよくあります。

たとえば極端な話、**メルカリの売れ残りをリアルのフリーマーケットでゼロ円で売って**

フリーマーケットの様子。来場するお客さまに魅力が伝わればメルカリで売れにくい商品も売れ、まとめ買いもされやすいため1日で集中的に売上を上げられる。店頭でメルカリやInstagramのアカウントをフォローしてもらって集客することもできる。

みても面白いです。「この商品無料！　おひとり様〇点までです。どうぞ持っていってください」とすれば、それ目当ての人が集まってきます。そして集まってきたお客さまに利益がとれる別の商品を見てもらい買ってもらうという作戦です。

また、いまは実店舗を出すことのハードルが下がっていると思います。第1章で紹介したようにメルカリで稼いで実店舗を構える人が増えてきましたし、また実店舗を出すことを目標にメルカリを始める人も多いです。流行の無人店舗や地域密着型のお店であれば初期費用やランニングコストを抑えるためにできることは多いです。

実店舗を開業している僕のコミュニティのメンバーは1人もお店をつぶすことなく維持や拡大ができていますし、僕自身も古着の卸店舗を2024年4月に神奈川にオープンしましたが、想像していたよりも開業資金は安く済み、一度も赤字になることなく経営できています。

リアルのお店ができると、SNSやYouTubeなど情報発信の幅がとんでもなく広がります。自分が主催者となってイベントを企画することもできますし、その様子を撮影して動画を投稿しさらにお店のファンを増やすこともできます。ライブショッピングの配信もお店でできます。メルカリの売上が安定し、次のステージに進みたいと思ったらまずハードルの低いフリーマーケットに出店してみる。そして接客やお店運営のコツがつかめたらイベントやショッピングモールで期間限定のポップアップストアを開いてみるのはどうでしょうか。新たな発見と素晴らしい経験がついてくることを請け合います。

おわりに

最後までお読みいただきありがとうございます。本書は、僕がこれまでのキャリアで培ってきたことの集大成的な内容になりました。

メルカリの仕事を通じて大勢の人と関わらせてもらってわかったことがあります。それは、ほとんどの人は物販に興味を持ったとしても、お金を払って本を読むことまではしないということ。いいとか悪いとかいいたいのではなく、大多数の人は身銭を切って行動する段階までたどり着かないのが現実です。つまり、この文章を読んでいる時点で、あなたは成功に限りなく近いところにいます。

ほとんどの人は物販の知識がなく、多少の知識があったとしても興味がなく、興味があっても実際に勉強するほどではなく、勉強するにしても無料のネット情報で済ませます。貴重な時間とお金を使い本書を購入して最後まで読んでくださったあなたに本当に感謝しています。

あとは行動あるのみです。第1章で紹介した先駆者のみなさんも、もともとは何の知識も経験もない素人でした。もちろん僕もそうです。どんなところに住んでいても、いくつになっても、やればできます。

僕がメルカリでビジネスを始めた2016年は、副業も物販もまだまだ一般的とはいえず、ちょっとアングラでマニアック、なんかうさん臭いというのが世間のイメージでした。それから10年近くたち、副業が当たり前の世のなかになりましたが、メルカリの可能性に本当の意味で気づいている人はまだまだ少ないです。

コロナ禍を経て世のなかがいよいよ二極化してきています。行動する人はどんどん行動して成功し、やらない人は現状維持どころかジリ貧に。この流れは好むと好まざるとにかかわらず誰にも止められないでしょう。

テクノロジーの進化は日々目を見張るものがあります。メルカリもこれからもたくさんの機能が増え、よりユーザーが使いやすいようにアップデートされていきます。しかし、どんなに時代が変わっても、プラットフォームが変わっても、「何かを売りたい」「何かを買いたい」という人間の根源的な欲望は変わりません。メルカリでモノを売ることで学んださまざまなスキルは、どんなときでもあなたを助けてくれる魔法の杖になってくれるはずです。

2025年2月

しーな

著者紹介

しーな

1989年生まれ。

国内最大級の古着物販コミュニティの経営者兼講師、会員制古着卸の実店舗の経営。

メルカリでモノを売ることを教えるコミュニティの生徒は400人を超える。

新卒で入社した会社を上司のパワハラにより退職。アフィリエイトやeBay輸出入などのネットビジネスにことごとく失敗したのち、資金わずか2万円でメルカリをプラットフォームに古着物販ビジネスで起業する。

自分の経験を踏まえ、「会社に依存しない、独立した強い個人を育てる」ことをコンセプトにメルカリでモノを売ることを広める活動をしている。現在は物販の枠を超えた店舗開業コンサルティング、新規事業の立ち上げ支援も行っている。

LINE公式

公式ブログ：https://sheena001.com/

本業《ほんぎょう》メルカリ
メルカリで飛躍《ひやく》、食《た》べていく

2025年4月2日　初版　第1刷発行

著　者　しーな
発行者　片岡　巌
発行所　株式会社技術評論社
東京都新宿区市谷左内町21-13
電話　03-3513-6150　販売促進部
　　　03-3513-6185　書籍編集部
印刷／製本　港北メディアサービス株式会社

定価はカバーに表示してあります。

ISBN978-4-297-14778-5 C3055
Printed in Japan

カバーデザイン
FANTAGRAPH
マンガ
たかにし
本文デザイン+レイアウト
矢野のり子+島津デザイン事務所
本文イラスト
中山成子

お問い合わせについて
本書は情報の提供のみを目的としています。本書の運用は、お客様ご自身の責任と判断によって行ってください。本書に掲載されている情報の実行などによって万一損害等が発生した場合でも、筆者および技術評論社は一切の責任を負いかねます。
本書の内容に関するご質問は弊社Webサイトの質問用フォームからお送りください。そのほか封書もしくはFAXでもお受けしております。

〒162-0846
東京都新宿区市谷左内町21-13
（株）技術評論社　書籍編集部
『本業メルカリ』質問係
FAX　03-3513-6181
Web　https://gihyo.jp/book/2025/978-4-297-14778-5

なお、訂正情報が確認された場合には、https://gihyo.jp/book/2025/978-4-297-14778-5/supportに掲載します。